湛庐CHEERS

与最聪明的人共同进化

HERE COMES EVERYBODY

KEN ROBINSON

肯·罗宾逊

全球知名教育家
排名第一的 TED 演讲人

KEN ROBINSON

全球最具影响力的教育家
创造力和创新思想家

罗宾逊出生于英国利物浦的一个普通工人家庭，有 6 个兄弟姐妹。他的父亲在一次工伤事故后瘫痪。更不幸的是，罗宾逊在 4 岁时患上了脊髓灰质炎。

在克服重重困难后，罗宾逊于 1968 年考入利兹大学布勒顿霍尔教育学院学习英语和戏剧。1981 年，罗宾逊进入伦敦大学研究教育戏剧和教育剧场，并获得博士学位。此外，他还获得了美国罗德岛设计学院等众多大学的名誉学位。

1989—2001 年期间，罗宾逊任英国华威大学教育学教授。1998 年，他在英国组建了一个关于创造力、教育与经济的委员会，并发表了一篇极富影响力的报告《我们未来的全部：创造力、文化和教育》（*All Our Futures: Creativity, Culture and Education*）。

罗宾逊的足迹遍布欧洲、美国和亚洲，合作对象中既有各国政府和教育部门，也有知名的国际文化组织和世界 500 强企业。

为了更广泛地传播自己的先进教育理念，罗宾逊已经出版了 4 本畅销书：《让天赋自由》、《发现天赋的 15 个训练方法》、《让学校重生》和《让思维自由》。2011 年，罗宾逊被《快公司》评为“创造力和创新领域的全球杰出思想家”。

KEN ROBINSON 排名第一的 TED 演讲人

肯·罗宾逊极具演讲才华，他凭着对教育、创造力和创新的深刻理解、幽默的演讲风格彻底征服了观众。罗宾逊已成为当今排名第一的 TED 演讲人。

在新的全球经济环境下，“商业和教育在创造力方面所面临的挑战”成为罗宾逊 TED 演讲的主题。到目前为止，罗宾逊已经进行了 3 次 TED 演讲，分别是 2006 年的《学校扼杀创造力》（*How Schools Kill Creativity*）、2010 年的《推动学习革命》（*Bring on the Learning Revolution*）和 2013 年的《如何逃离教育的死亡谷》（*How to Escape Education's Death Valley*）。

2010 年，英国皇家艺术、制造与商业促进会把罗宾逊关于教育变革的演讲制作成了视频动画。这个视频动画上传到 YouTube 第一周，观看次数就直逼 50 万，到 2013 年 12 月，总观看次数已超过 2 000 万。

在 2013 年的 TED 演讲《如何逃离教育的死亡谷》中，罗宾逊提出了实现人类繁荣的 3 大关键原则。

《学校扼杀创造力》这一演讲创造了 TED 大会创立以来观看人次最多的纪录。截至 2017 年 6 月底，全球通过 TED 网站观看这一演讲的人次超过了 5 000 万。

KEN ROBINSON

“全球最具影响力 50 大商业思想家”之一

由于在教育、艺术和文化交流方面的突出成就，罗宾逊获得了雅典娜奖、皮博迪奖、乐高奖、本杰明·富兰克林奖等众多奖项。

2003 年，他因在艺术服务方面的杰出贡献而被英国女王伊丽莎白二世封为爵士。2005 年，他被《时代周刊》、《财富》和 CNN 评为“主流之声”（Principal Voices）。

罗宾逊认为，教育必须服务于 3 个目标：第一，教育应该向多样化方向发展；第二，教育应该通过创造性教学培养学生的好奇心；第三，教育应该致力于唤醒学生的创造力。2011 年，由于在教育和创造力培养方面的先进理念与独到见解，罗宾逊入选“全球最具影响力 50 大商业思想家”排行榜。

The Element
让天赋自由

[英] 肯 · 罗宾逊（Ken Robinson）
[美] 卢 · 阿罗尼卡（Lou Aronica） ◎著
李慧中 ◎译

How Finding Your
Passion Changes Everything

浙江人民出版社
ZHEJIANG PEOPLE'S PUBLISHING HOUSE

谨以此书献给我的兄弟姐妹:

Lena, Keith, Derek, Ian, John 和 Neil;

献给我伟大的父母，Ethel and Jim;

献给我的儿子 James 和女儿 Kate,

和我的灵魂伴侣 Terry。

这本书是献给你们的,

献给你们的丰富才华,

以及我们之间的无尽的爱与欢乐。

只有和你们，和你们爱的人在一起,

我才能感觉到自己的天赋。

做教育创新真正的引领者

李一诺

一土学校创始人，2016 年“全球青年领袖”

做教育创新的，通常有两类最极端的人，一类是最虚妄的人，一类是最谦逊的人。

为什么是最虚妄的人?

因为“创新 + 教育”太容易成为“卖点”，太容易制造焦虑，又被作为消除焦虑的“良药”：未来充满未知，竞争极其激烈，想要知道如何让你的孩子胜出吗?来试试我们的创新教育吧。怎么样，这类宣传是不是似曾相识？似乎任何有名头的人都可以成为专家；随便办个培训班或建个营地就可以称为“教育”；而只要是国外拿过来的东西，都可以称为“创新”。在各种市场分析、投资报告中，教育的本质早就变得模糊。所谓的教育创新，也沦为了虚妄者狂欢的舞台。

又为什么是最谦逊的人呢?

因为教育的本质在于人。人世间再没有比“让人成为人”更深刻、更宏大的课题了。但凡真正沉下心来做教育的人，都必怀有一颗敬畏之心。最优秀的教育者面临的终极“瓶颈”既不是技术，也不是知识，而是教育者自身对世界和自我的认知的深度和高度。所有真正做教育的人都深谙这一点，所以他们会以最谦逊和敬畏的心，在“外在世界”做好匠人，在“内在世界”寻求开悟。

但最难得的，其实是第三类人。

他们既怀有对教育的敬畏之心、谦卑之心，能够把理念付诸点滴实践和辛勤耕耘，又可以利用合适的舞台，有效发声、积极倡导、联合同盟，以推动整个教育系统的改变。他们谦逊而不迂腐，发声而不虚妄；既有一线的实践经验，又有哲学层面的思考；既有对现状的抨击，又能提出具有建设性的意见与方法。

这一类人，是教育创新真正的引领者!

湛庐文化引进的这一套书，就是这样几位世界范围内的教育创新引领者的精华之作，实属难得。其中又属《为孩子重塑教育》(*Most Likely to Succeed*)这本书与我们渊源最深。在筹办一土学校的时候，我们就和美国的高科技高中(High Tech High)建立了合作，在教师培训方面有很多交流。我们也是第一个支持教师去参加高科技高中教师培训的中国学校。过去的每一个假期，高科技高中的教师也都会到一土学校来做交流和培训。因为高科技高中，我们又知道了《为孩子重塑教育》(*Most Likely to Succeed*)这部纪录片，也在中国协助组织了多次放映。我们和高科技高中的合作，与纪录片和书里的很多场景及描述非常相似。

肯·罗宾逊先生的教育理念也与我们创办学校的初衷不谋而合，当前的学校系统对于学生创造力的压抑和限制将会对他们的未来产生不利影响。对教育系统进行改革，帮助学生发现他们的天赋，从而使他们过上真正幸福的生活，是我们共同的追求与期许。能够在教育一线亲身感受这些教育实践的发生，我备感幸运。

2016 年，我们着手在北京创办一土学校。虽然从表面上看，一土是一所学校，但实际上，我们是想要与众多同行者一起努力，着眼于中国的当下与未来，致力于改变教育生态。 从产生这个想法到现在，陶行知先生给了我很大的指引。

陶行知先生是中国近代教育革新的引领者，他在近百年前写下的很多文字，到现在都具有深远的现实意义。在写于 1924 年的名篇《半周岁的燕子矶国民学校—— 一个用钱少的活学校》中，陶行知先生讲述了一个建在关帝庙里的学校发生的故事，通过带学生“做事”，让学生融入当地社会，那所学校实现了真正的卓越教育。我们现在常常讲项目学习，听上去似乎觉得是很先进的东西，但从陶行知先生的记录里可以看出，在近百年前就有类似在学校环境下开展的实践了，而且从思路到方法，再到教育的效果都非常出色。

陶行知提出的“社会即学校，生活即教育”是对教育最浅显易懂又最深刻的阐述。所以，我在这里也想引用他在《第一流的教育家》里面的几句话：“我们在教育界做事的人，胆量太小……不是乞灵古人，就是仿效外国。”“今日的教育家，要敢探未发明的新理，敢入未开化的边疆。”湛庐文化这套书的作者就是这样的教育家。这些话，也与大家共勉。

其实，有关教育的问题，从来都没有“标准答案”或“完美方案”，更没有“一招制胜”“一劳永逸”的教育模式或系统。教育是一个社会问题，同时，因为教育关乎人类社会的未来，所以更是一个难以“解决”的社会问题。所以我们研究和学习教育创新的目的不应该是给出一套“答案”，而是怀着开放的心态，在不断的质疑、提问、实践和总结中摸索前进。这套教育主题丛书如果能给我们带来这样的心态、碰撞和思考，我想也就足够了。

THE
ELEMENT

目录

发现你的天赋

找到你自己的天赋，对于你了解自己能做什么、你到底是谁至关重要。从某种程度上说，这是一个非常私人的问题，它与你自己、你认识的人和你所爱的人有关。但与此相关的还有一个更大的话题，天赋对我们的学习、职场、社会和组织都有非常强大的影响，**天赋的核心原则植根于一个有关人类成长和发展的更广泛的整体概念。**

我以前一直认为我们无法直接看世界，而是需要通过思维的框架和信仰来感知世界，这些东西在我们和世界之间充当着过滤器。其中一些想法会进入人类的意识，我们甚至没有觉察到，这些想法可能是简单的常识，也可能经常出现在我们对自我和周围世界的隐喻和想象中。

艾萨克·牛顿是一位伟大的物理学家，他在机械时代的开端提出了自己的伟大理论。对他来说，宇宙似乎是一个巨大的机械钟，有着完美的周期和节奏。而爱因斯坦和其他人的理论已经表明，宇宙并不像一个时钟，它的奥秘比人们钟爱的任何钟表都更复杂、微妙，也更有活力。当下，现代科学已经让以上种种比喻失效了，我们对宇宙运行的规律也有了不同的理解。

但是，在这个时代，我们仍然经常用机械和技术来比喻自己和我们所处的社会。我经常听到人们将大脑跟计算机作对比：大脑也可以输入输出、“下载”感受，或是将某些方面的行为“嵌入”或“编程”。

不管在什么类型的机构里工作，你可能都见过一个组织结构图。通常，这些图里都有写着人名和职责的方框，这些方框之间的连线显示着相互间的等级结构。这些结构图看起来就像建筑图纸或电气线路图，同时也会强化“组织就像一架机器”的概念，这些机器有着不同的部分和功能，并以某种方式相互联系。

隐喻和类比的力量在于它们指出了事物之间的相似之处，没有生命的机器和人类的大脑运行之间确实有一些相近。尽管如此，但人类的思想显然不是位于肩上的一个“金属盒子”里的固态系统。人类组织也不像机器，人类组织是由被情绪、动机及关系驱动和影响的活生生的人组成的。组织结构图能展示公司的等级架构，但无法呈现组织的气氛和真正运行的过程。事实是，人类的组织和社会都与机器不尽相同：它们更像有机体。

环境危机

我前阵子去了自然历史博物馆，这是一个非常迷人的地方，对不同种类的生物都有单独的房间陈列展示。一个房间里在举办蝴蝶展，所有的蝴蝶标本都被放在精美的玻璃盒子里，它们的身体被固定住，并被精心地贴上了标签，但都是一排排死的蝴蝶。博物馆按照类型和大小对它们进行了分类，上面是较大的，下面是较小的。在另一个房间，甲虫也同样被按照类型和大小进行了排列展览。还有一个房间里也用同样的方法陈列着蜘蛛。将这些生物进行分类，并将它们放在不同的橱窗里，展现了一种人类对它们的思考方式，这是非常有用的，但并不代表它们在自然世界里的秩序。走出博物馆，你看到的蝴蝶不会按标本的排列顺序飞来飞去：大的在前面，小的在后面；也不会看到蜘蛛严格按照标本的顺序行进，真实环境中的甲虫才不会相互保持一定的距离呢。在自然状态下，这些生物都是彼此交错的，它们生活在复杂的、相互依存的环境中，它们的命运也彼此相关。

人类社会也是完全一样的，我们现在也面临着与自然生态环境一样的危机，两者之间的相似性非常强。

生物系统的关系和我们普遍缺乏的对它们的了解，这就是《寂静的春天》（*Silent Spring*）的主题，蕾切尔·卡森（Rachel Caron）出版于1962年9月的这本书给我们敲响了警钟。她认为，农民用来改善作物生长和杀虫的化学制剂、杀虫剂会带来意想不到的灾难性后果。这些有毒的化学物质渗透到地里将会污染水循环系统，危害海洋生物。由于不加选择地杀死昆虫，农民们也破坏了许多生物赖以生存的精密生态系统，包括需要昆虫为其授粉的植物，以及不计其数的以昆虫为食的鸟类。如果鸟类灭绝了，我们就再也听不到自然界的歌声了。

蕾切尔·卡森是引导我们改变对自然生态思考的先锋之一。从工业时代开始，人类似乎认为自然界是一个能无限为工业生产和生活需要提供资源的仓库。我们开采地球的煤炭和铁矿，通过基岩钻孔开采石油和天然气；为了放牧，我们砍伐森林、清除草场。所有这一切看起来都理所当然，方便快捷，然而其中也存在着巨大的问题：300年后，我们可能会导致自然界的资源陷入枯竭，现在我们也面临着利用地球自然资源的重大危机。

这方面的证据非常清楚，以至于一些地质学家认为我们进入了一个新的地质时代。上一个冰河时代结束于一万年前，地质学家将那时以来的世代称为全新世（Holocene epoch），也有人将这一新的地质时期称为“人类世”（Anthropocene age），来源于希腊语中“人”（anthropos）这个单词。他们说，人类活动对地球地质和自然系统的影响催生了这个新的地质时代，这些影响包括海洋酸化、新型沉积物、地球表面的侵蚀和腐蚀，以及多个动植物物种的灭绝。科学家认为，这场危机是真实存在的，我们要想避免灾难，就必须在未来几代人的时间里做出一些深刻的改变。

环境危机对人类来说已经不堪忍受了，但我相信还有另一个有着同样紧迫性的危机，其影响和我们看到的自然危机一样深远，即人类资源危机，我认为这是另一种“环境危机”。

人类资源危机

西方世界的主流观点不是协同和联结，而是区别和差异，这也是我们会把蝴蝶和甲虫标本钉在不同盒子里的原因，就像我们在学校总把不同学科分开来教一样。

西方思想体系中的大部分都假设思想独立于肉体，而人类也在某种程度上独立于自然界。这可能就是为什么那么多人不明白，他们对待自己身体的方式是会影响身体状态的，也会影响他们的思考和感觉。这也可能是为什么这么多人都不明白，他们的生活质量会受到自然环境质量的影响，也受到他们如何向大自然索取和回报的影响。

因为缺乏营养和饮食失调造成的身体疾病就是这种人类资源危机的一个例子。这样的例子还有很多，我们生活的时代里，有数亿人得靠治疗抑郁症和其他精神障碍的处方药挨过一整天。消费者的精神状态持续低迷，而制药公司的利润却一路飙升。人们对非处方药品和酒精的依赖也急剧攀升，尤其在年轻人中，自杀率也是如此。全世界每年死于自杀的死亡人数要大于所有在武装冲突中丧生的人数。据世界卫生组织统计，自杀如今已经是 15 ～ 30 岁人群的第三大死因。

个体的真相其实就是社会的真相。我现在住在加州，2006 年，加州政府在州大学系统上花费了 35 亿美元，在州监狱系统上支出了 99 亿美元。我对加州的潜在犯罪者是加州未来大学生人数的 3 倍感到难以置信。难道这个国家的罪犯就是出生在监狱里的吗？我不相信有许多天性邪恶的人在四处游荡，无论是在加州还是在别的地方。根据我的经验，大多数人都有着美好的初衷，想要过上有目标和有意义的生活。然而现实是，很多人生活在糟糕的环境中，这些条件慢慢消耗掉了他们的希望和目标。在某些方面，这些环境正变得越来越糟。

在工业革命初期，世界上并没有这么多人。1750 年，世界人口总量为 10 亿。① 我知道这个数目听起来很多，因为地球的空间并不大。但它对 10 亿人来说已经足够大了，足以让人们舒适地生活。

到了 1930 年，世界人口达到了 20 亿，而这仅仅用了 180 年，但此时的地球还算有足够的空间供人们生活。接着，我们只花了 40 年时间就达到了 30 亿人口规模。就在《夏日恋曲》（*The Summer of Love*）上映之后，人口总数在 1970 年已跨过了 30 亿大关，我确信这只是一个巧合。紧接着又出现了一个奇迹：在 1999 年圣诞节前夜，我们已经与其他 60 亿人在共享这个星球了。短短 30 年间人口几乎又翻了一番。有人估计，世界人口将在 21 世纪中叶达到 90 亿。②

对于工业革命早期的 10 亿地球人来说，那时只有 3% 的人住在城市。到 1900

① 疑原书有误，1750 年世界人口约为 7.91 亿，亦有 7.2 亿的说法。——编者注
② 疑原书有误，1960 年世界人口约为 30 亿，1970 年约为 40 亿。——编者注

年，近 20 亿人中有 12% 的人生活在城市。2000 年，地球上 60 亿人中有近一半居住在城市。据估计，到 2050 年，90 亿人口中有超过 60% 的人将成为城市居民。到 2020 年，地球上将有 500 多个人口超过 100 万的城市和 20 多个人口超过 2 000 万的大型城市。目前东京人口已经超过了 3 500 万，比加拿大的总人口还多，而加拿大的国土面积却是日本的近 30 倍。

一些大型城市出现在所谓的发达国家，他们很好地规划了购物中心、无线网络和财产税，但真正的增长并非发生在这些地区，而是发生在所谓的发展中地区，如部分亚洲地区、南美、中东和非洲。在这样的庞大城市中，最主要的区域将会是棚户区、卫生条件恶劣的自建区，缺乏基础设施，也几乎没有任何社会支持服务。人口规模和密度的大幅增长向地球提出了巨大的挑战，急需我们去解决自然资源危机和人力资源危机，也需要我们思考这两种危机之间的关系。所有这一切都指向了对全新思维方式的需求，以及关于人类社会繁荣或衰亡的新隐喻。

300 多年来，西方思想被工业化和科学方法所主导，是时候改变这种状态了。我们必须超越线性与机械的比喻，从而转向关于人口增长和发展的更加全面的有机体比喻。

一个活的有机体是复杂的、动态的，比如一株植物，它的每个内部活动都会影响并取决于维持机体活力的其他活动，这一作用方式也适用于我们栖居的环境。大多数生物只能存活在某些类型的环境中，它们之间的关系往往非常特殊。健康茁壮的植物需要从环境中汲取所需的营养物质，与此同时，它们的存在也有助于保持赖以生存的环境。所有动物和植物都是如此，人类也不例外。当然，生命力极其顽强的“莱利柏”（Leyland cypresses）是个特例。

农民以种植农作物为生，但他们并不允许其他植物生长。人们不能替植物根部深植，不能让花瓣成形，也不能给果实涂上颜色。植物是靠它们本身生长的，农民和园丁只是为它们的生长提供条件。好的农民知道这些条件是什么样的，而差的农民并不明白这一点。理解人类成长的动态本质对于人类文化的未来走向至关重要，与我们理解自己所依赖的自然生态系统同样重要。

胸怀大志

离我位于洛杉矶的家几百公里的地方有一个死亡谷，它是地球上最炎热、最干燥的地方之一。死亡谷里没有生物，因此而得名，那里常年干旱，年平均降水量仅为 50 毫米。然而，在 2004 到 2005 年的冬天，惊人的事情发生了。死亡谷的降水量超过了 170 毫米，这是世世代代都没有发生过的事情。然后，到了 2005 年春天，更令人惊喜的事情发生了：盛放的花朵覆盖了整个死亡谷。摄影师、植物学家和游客争相穿越美国来观赏这幅景象，这也许是他们此生再也无法重见的画面了。这一次的死亡谷充满了鲜活的生命，到处是一派生机。而在那年的春末，花朵都枯萎了，生命又一次尘封在了炎热沙漠的地表下，等待着下一场甘霖的到来。

这个奇迹证明了死亡谷并非完全没有生命，而是都在休眠。它们只是在等待合适的生长条件。当条件合适的时候，生命的繁荣景象就会再一次回到死亡谷。

人类和人类社会都是一样的。我们需要合适的生长条件，我们的学校、企业、社会和个人生活都是如此。如果条件合适了，人们将和他们周围的同伴，以及他们创造的环境一起发展。如果条件达不到，人们就会在周围人和世界之中忙着缓解自己的焦虑。而人类的成长条件有些就源自我们的内心，其中就包括开发我们自身独特天赋和热情的欲望。发现并培养它们的最佳方法，就是确保我们作为个体的成长和自我实现。

如果我们能发现自己的天赋，并鼓励他人去寻找自身的天赋，成长的机会就会长期存在。如果我们不这样做，虽然也能度过一生，但我们的生活将会枯燥无味。这并不是西海岸加州式的轻松论调，尽管我现在住在这里。我是在 12 月潮湿阴冷的英格兰想到这个观点的，这也是需要我们在自己的人生和鼓励他人中平衡和实践的，而这种想法在如今的人类生存模式中很容易被抛弃。

自然资源和人类资源的危机是相关的。乔纳斯·索尔克（Jonas Salk）是研发索尔克脊髓灰质炎疫苗（Salk polio vaccine）的先驱科学家。身为一个在 20 世纪 50 年代患上脊髓灰质炎的人，我感激他在这个领域付出的热情。在后来的研究中，索尔克还进行了进一步观察，其中一个观点可以用来解决两种形式的环境危机。

“有趣的是，”索尔克说，“当我想到如果所有的昆虫都从地球上消失了，那么所有其他形式的生命将会在 50 年内消亡殆尽。”他和蕾切尔·卡森都知道，我们花这么多精力去消灭的昆虫，其实是这个地球上复杂生命网络中必不可少的节点。索尔克接着说道：“但是，如果人类从地球上消失了，所有生物在 50 年后都会活得更好。”

索尔克的意思是，人类本身已经成了问题。人类非凡的想象力催生了影响深远的各项人类成就，使我们从洞穴走入了城市，从泥沼奔上了月球。但现在我们面临着一种危险，即被自己的想象力葬送。我们已经看到了这种危险，但这还远远不够。我们依然太狭隘，太过于关注自我和人类自身，而不够关注自身行为的后果。

要充分利用我们在这个渺小而拥挤的星球上度过的短暂一生，我们必须从全新的人类目标出发，自觉而积极地提升我们的想象力和创造力。**米开朗基罗曾说过：“对于大多数人来说，最大的危险不在于我们把目标设定得太高而无法达到，而在**

于我们设定了一个很低的目标并实现了它。”为了所有人的未来，我们需要更高的目标和获得成功的决心。

人类个体和人类社会想要做到这一点，就需要我们发现自己的天赋。

画上帝的小女孩

几年前，我听说过一个很精彩的故事，从那以后我就常常讲起这个故事。

有一位小学老师正在给一班 6 岁的孩子上美术课。教室的后面静静地坐着一个小女孩。课堂上她通常都是心不在焉的，但是，这次美术课上她完全不一样了。20 多分钟过去了，小女孩仍然端坐着，忙着在纸上涂画，完全沉浸在自己的世界里。老师很惊讶，忍不住问她：“你在画什么呢？”

小女孩头也没抬，答道：“我在画上帝。”

老师很疑惑，问她：“但是没人知道上帝长什么样子啊。”

小女孩说：“过一会儿你们就知道了。”

我很喜欢这个故事，它说明小孩子对于自己的想象力是非常自信的，但是随着我们的成长，绝大多数人都逐渐丧失了这种自信。如果你问一年级的小朋友：

谁觉得自己富有创造力？所有人都会举起手。但当你去问一群大学高年级学生同样的问题时，大多数人都不会举手了。**我坚信人类生来都具有超强的潜能，但随着在现实世界中的阅历逐渐增长，我们渐渐会丧失很多潜能。而且，极具讽刺意味的是，导致这一状况的主要原因之一是教育**。最终结果是，许多人都从未开发出他们真正的天赋，也无从知晓自己能实现多大的成功。从这个角度来说，他们从来就不知道真正的自己是什么样的。

我去过很多地方，曾与世界各国的人们一起工作，也曾与一些教育机构、企业和非营利组织合作。每到一个地方，我都会遇见一些学生，他们都想知道自己的前途如何，却又不知道该从何处开始努力。我也见过一些为此非常烦恼的父母，他们试图去帮助自己的孩子，却不仅没有让孩子获得进步，还让孩子偏离了自己真正的天赋，因为父母为孩子设想的都是传统的成功之路。我还见过一些不知道如何使员工人尽其才的企业。在一路的前行中，我与许多人相遇，后来又失去了联系，这些人不知道自己的天赋是什么，不知道自己的激情在哪里，他们不喜欢自己从事的工作，但也不知道什么才能让自己真正满意。

但我也遇到过另一些人，他们在自己热爱的领域里取得了极大的成功，而且他们不会想象自己在从事别的事情。我觉得，他们的故事能带给我们一些启发，那就是有关人类潜能和执行力的事情。

在世界各地演讲时我发现，这些故事其实是最具有说服力的。**我们所有人都需要换个角度重新审视一下自己：我们在如何度过自己的一生？在如何教育自己的孩子？又在如何管理自己的公司？**

本书讲述了各种各样的故事，分别描述了不同个体的不同经历。他们中许多人都是因为这本书才接受采访的，他们讲述了如何发现自己的独特才能，并通过做自己热爱的事业来获得高度成功的人生经历。真正让我震惊的是，他们的人生历程往往都没有遵循传统的成功之道。他们的成功之道有曲折、有迂回，当然也充满惊喜。本书主要是通过采访来了解一些人的观点和经验。这些受访者说，他们以前从来没有接受过这样的采访。认识到天赋的瞬间，天赋的发展过程，家人、朋友以及老师的鼓励或劝阻，都是促使他们迎难而上、稳步前行的动力。

然而，这些受访者的故事也不全是成功的童话。所有这些人都经历着复杂而极具挑战性的生活，他们的人生远没有达到一帆风顺的境界，也都有着自己的成功与失败，没有人拥有堪称完美的生活。但是这些人通常都曾经历过某一阶段的完美生活，而且他们的故事非常吸引人。

但这本书的真正主角并不是他们，而是你！

我写作本书的目的在于对人类的潜能和创造力形成更丰富的认识，并希望帮助人们更准确地了解自身的天赋和爱好。这本书讲述了一些我们生活中非常基础但也非常重要的问题。这些问题不仅我们自己会遇到，我们的孩子、学生、同事、朋友也会遇到。我用“天赋”一词来描绘一种境界，在这种境界之中，我们每个人的天赋让我们的兴趣与天赋完美地结合。**我相信，对于每个人来说发现自身的天赋都至关重要，这不仅是因为它能让我们对自己更加满意，而且随着时代的演进，未来世界的发展也取决于我们能否找到自己的天赋。**

如今，世界的变化速度超过了人类历史上的任何阶段。我们所希冀的未来世界是一种能充分开发人类潜能，而且能很好地与人类的生存方式相适应的全新世界。我们必须充分认识到，每个人的潜能都有不同的呈现形式，这种个体间的差异也会提升我们对开发人类潜能有多重要的认识。我们必须为人类潜能的发挥创造自由的环境，在学校、职场以及其他任何地方，鼓励每个人去创造，鼓励他们成为有创造力的人才。我们必须确保每个人都有机会去做他们天生就应该做的事情，去发现他们的天赋，走他们应该走的路。

这本书是赞美人类各种天赋和激情的诗篇，也是对人类非凡的成长与潜能的颂歌。同时它也会揭示，怎样才能使人类的天赋尽情施展，而什么样的情况会使之消弥殆尽。它还能告诉我们该如何充分利用时间，如何在一个完全未知的世界里争取成功的唯一可能。

为了让自己与他人发挥所长，我们迫切地需要有关人类潜能的更加完善的概念，我们必须拥抱自己的天赋!

天赋是一种定义自我潜能的不同方法，它在每个人身上的表现都不同，但天赋本身却是万变不离其宗的。天赋就是天生能力和个人热情的结合。

THE ELEMENT

01 天赋，天资和热情的完美结合

How Finding Your Passion Changes Everything

THE ELEMENT 舞动中的思考

吉莉安才 8 岁，但她的未来已经出现了危机。她的学习成绩一塌糊涂，至少老师们是这么认为的。她上学迟到，书写糟糕，考试成绩差。不仅如此，她还是课堂破坏者，上一分钟还在吵吵嚷嚷，下一分钟又向窗外张望，逼着老师不得不停下教学去拉回她的注意力，但是接下来她又开始骚扰同桌。吉莉安对这些问题并不是很在意，她已经习惯了被老师纠正，也不真的认为自己是个问题小孩。但校方很烦恼，当学校写信给她父母时，事情被激化了。

学校认为吉莉安存在某种学习障碍，应该去那些专门为此设置的特殊学校。如果放在现在，学校肯定会说她有注意力缺陷多动障碍（Attention deficit hyper-activity disorder，简称 ADHD），然后给她服用一些利他林（Ritalin，中枢兴奋药）或者类似的一些药物。但那是在 20 世纪 30 年代，科技还不成熟，“多动症”这种病名还不流行，人们也还不知道自己可能会有这种注意力障碍。没有治疗药物也没什么大碍。

吉莉安的父母收到学校的来信后大为震惊，立即采取了措施。妈妈将吉莉安精心打扮了一番，穿着最精美的衣服和鞋子，扎着漂亮的马尾辫，然后怀着忐忑不安的心情带她去见了心理医生，希望能为她做一个准确的诊断。

吉莉安告诉我，她到现在都清楚地记得当时的场景。她们被请进一个大大的房间，房间内铺着橡木地板，书架上摆着一些皮革封面的书籍，一个身穿斜纹夹克的男人站在一张大办公桌旁边，仪表堂堂，令人印象深刻。他把吉莉安带到房间的另一头，让她坐在一张巨大的皮沙发上，吉莉安的双脚几乎不能触地，这种环境让吉莉安感到局促，她给心理医生留下的第一印象很可能是紧张的。吉莉安将双手压在屁股下面，以免自己坐立不安。

心理医生走回自己的办公桌。在接下来的 20 分钟里，他一直在向吉莉安妈妈询问吉莉安在学校的情况，包括她在学校遇到的困难和学校反馈的她惹的麻烦。虽然医生没有直接问吉莉安任何问题，但是从头至尾，他一直在很仔细地观察她的举动。这让吉莉安非常不安，也很困惑。尽管她年纪还小，但她知道这个人将对她的生活产生重大影响。吉莉安知道去上特殊学校意味着什么，但她不想做出这种改变。从内心来说，她根本不觉得自己有问题，但是其他人却不这么看，或者说，至少她妈妈的回答方式会让别人觉得她有问题。

也可能他们是对的，吉莉安这样想着。

吉莉安的妈妈和心理医生终于停止了谈话。那个男人从椅子上站起来，走向沙发，坐在了这个小女孩旁边。

“非常感谢你，吉莉安，你很有耐心，”心理医生说，“但是，恐怕还需要你再等一会儿。我需要跟你妈妈单独谈一谈，我们就出去几分钟，别担心，我们不会走太远的。”吉莉安有些惶恐地点了点头，两个大人让她一个人坐在那里然后就出门了。但是，当他们离开的时候，那个心理医生伸手打开了办公桌另一边的收音机。

一走到房间外的走廊上，心理医生就对吉莉安的妈妈说："在这里站一会儿，看看她要做什么。"那里有一扇窗户可以看见屋内的情形，他们站在窗子的一边，吉莉安看不见他们。吉莉安立即站了起来，伴着收音机里的音乐在房间里走来走去。两个大人站在外面静静地看了几分钟，他们被这个女孩儿表现出的魅力惊呆了。任何人都能注意到，在吉莉安的动作中有一些天生的，甚至是本能的东西，正是这些东西让这个女孩儿的脸上露出了纯真的笑容。

最终，心理医生转向吉莉安的妈妈说道："您也看到了，琳恩夫人，吉莉安没有病，她是一个舞蹈家，送她去舞蹈学校吧。"我问吉莉安，然后呢？她说，她妈妈真的送她去了舞蹈学校。"我都不知道该怎么描述，那真的太棒了，"吉莉安告诉我，"我走进一间教室，那里全都是跟我一样的人，我们不需要静坐在那里，而是可以边动边思考。"

吉莉安开始每周去舞蹈学校学习，每天在家也积极练习，最后，她去伦敦皇家芭蕾舞学院试演，他们接收了她。后来她加入了皇家芭蕾舞团，成了一个独舞表演家，并在全世界巡演。当芭蕾舞演员的生涯结束后，吉莉安成立了自己的音乐剧团，并在伦敦和纽约推出了一系列非常成功的剧目。最终，她见到了安德鲁·劳埃德·韦伯（Andrew Lloyd Webber），并和他一起创作了一些音乐剧史上最成功的作品，包括《猫》（*Cats*）和《歌剧魅影》（*The Phantom of the Opera*）。

当初那个年幼而不知道未来在何处的吉莉安，如今成了世界闻名的吉莉安·琳恩（Gillian Lynne），最有才华的舞蹈创作家之一，她给无数人带去了快乐，也有着数百万美元的收入。这一切的发生都依赖于那个心理医生发现了她真正的爱好，这个人之前也见过类似的小孩，他懂得如何发现这些孩子的天赋。但是，如果吉莉安遇到的是其他人，他们对此不甚了解，则很可能喂给她一些药物，让她安静下来。吉莉安并不是有问题的小孩，她不需要去上任何特殊学校。

她需要的只是成为真正的自己。

THE ELEMENT | 无聊美术课上的漫画天才

马特·格罗宁（Matt Groening）和吉莉安不一样，他的学习能力不错，学习成绩也不差，已经通过了学校所有重要的测试，但他总是觉得非常无聊。为了让自己开心一点，他开始在课堂上画画。“我经常在画画，”马特说，“而且我画得越来越好，以至于我不用低头看着就能画，这样老师就会认为我在认真听讲。”对马特来说，美术课成了发展爱好的绝佳机会。“我们在色彩书上调色，我想我永远不能在那些线条里上色！不行，我不能被限制！”当他上高中以后，这种习惯上升到了另一层面。

“在高中的美术课上，同学们只是坐在那里，老师也很无聊，画具被摆在一边都没有人去用，所以我可以尽情去画。有一次，我在一节课里画了30幅画。每画完一幅画，我会看看它像什么，然后就给它命名，比如《海草里的海豚》。好了，继续下一幅，等到他们发现我画了很多幅的时候，我几乎已经用完了所有的颜料，他们便不再让我画了。”

马特说：“创造不存在的东西让我非常激动，我画画的水平变得更高了，水平不断提升是非常有趣的事情。噢，它看起来就是它原来的样子。但是，随后我就意识到，我的绘画水平并没有变得更高，所以我开始努力创作故事和笑话，我觉得这样更有趣。”

马特·格罗宁作为著名的《辛普森一家》（*The Simpsons*）的创作者，曾经从其他画家的作品中寻找灵感，虽然这些画家的作品都没有太多复杂的绘画技巧，但都巧妙地融合了创造性的讲述方式与独特的艺术风格。“最使我备感激励的是，我看到许多不会画画的人也能以漫画为职业，比如詹姆斯·瑟伯（James Thurber）。约翰·列侬（John Lennon）也给了我很大的启发，在《自书集》（*In His Own Write*）和《一个活在作品里的西班牙人》（*A Spaniard in the Works*）里，全是他自己那些糟糕的画作，但是搭配他的散文诗就很有趣，他的小故事也很疯狂。有一段时间，我一直都在模仿约翰·列侬。罗伯特·克拉姆（Robert Crumb）也对我产生过巨大的影响。”

马特的老师和父母都鼓励他去做点别的事情。他们建议他去上大学，然后找一份稳定的工作，虽然他父亲也是一位漫画家兼电影导演。实际上，在马特进入一所没有成绩单、没有必修课的非传统学校之前，他只遇到过一位让他备感鼓舞的老师。“我一年级的老师一直保存着我在课堂上的画作，保存了很多年。我非常感动，要知道，每年都有几百个学生上她的课啊。她叫伊丽莎白·胡佛（Elizabeth Hoover），为了纪念她，我用她的名字命名了《辛普森一家》中的一个人物。”

家长和老师的反对并没有吓退马特，因为他很清楚自己真正想要什么。

“在小时候，我们会玩编故事的游戏，常会用到一些小雕塑当道具，比如恐龙之类的，而我希望自己长大之后可以做这样的事情。每当我看着大人们提着公文包行色匆匆地出入写字楼时，我就会想‘我绝对不要像他们那样，编故事才是我真正想做的事情’。刚开始，我身边有很多有同样想法的孩子，但是渐渐地，他们都离开了，变得严肃正经起来。而对我来说，唯一能做的就是玩游戏和讲故事。

“我明白，大家都希望我走这样一条人生之路：上高中，进大学，拿一纸文凭，毕业之后找个好工作。但这样做我不是为自己工作，我可能永远只会画漫画。

“我在学校找到了一些志同道合的朋友，我们一起在街上闲逛，画一些搞笑的画，然后带回学校给朋友们传看。我们的年龄越来越大，野心也越来越大。我们开始制作电影。这的确是个很不错的主意，因为它使不善交际的我们能一起合作，周末再也不用无聊地待在家里，而是出去拍电影，周五的晚上也不去踢球了，而是去大学校园里看地下电影。

“我决定要靠自己的能力生活。然而，老实说我并不觉得自己真的能做到。我想我可能要去做一些很辛苦又不喜欢的事情。我想象自己在一个轮胎仓库工作，我也不知道为什么会想到这个。我只是想，工作的时候我就到处滚轮胎，休息的时候就可以画漫画。”

马特的人生从此变得截然不同了，他搬去了洛杉矶，每周在《洛杉矶周报》上刊登自己的连环画《地狱生活》(*Life in Hell*)，开始小有名气。这时，福克斯电视台向他伸来了橄榄枝，邀请他为电影《崔茜·尤玛》(*Tracey Ullman*)创作一段简短的动画片。在与福克斯开会策划的过程中，马特创作出了《辛普森一家》的故事。而在走入会议室之前，他并没有预料到自己能做到这些。迄今为止，这个时长半小时的节目已经连续在福克斯电视台的周日档播放了 19 年！除此之外，还衍生出一大批相关的电影、漫画书、玩具，以及各种周边商品。换句话说，它促成了一个波普文化帝国的诞生。

如果马特当初听从了人们追求“正经”职业的那些忠告，这一切奇迹就不会发生。

THE ELEMENT 演讲后的“重生”

并不是所有的成功者都不喜欢学校，或者学习成绩很糟。当保罗·萨缪尔森（Paul Samuelson）第一次走进芝加哥一所大学的演讲厅时，他还是一个成绩出众的高中生。他当时并没有意识到，举行这次讲座的这所大学，正在成为全球经济学研究领域的先锋之一。他只知道这所大学离自己家很近，而在几分钟后，他“重生了”，正如他在一篇文章里写的：“那天演讲的主题是托马斯·马尔萨斯（Thomas Malthus）的人口理论。马尔萨斯认为，地球上的人口将像兔子一样呈几何级数增长，一直要增长到每平方公里土地的产出不足以维持同等面积土地人口的生活时，死亡率便会开始上升，并逐渐与出生率持平。这里所涉及的一些微分方程是如此的浅显易懂，让我不禁怀疑自己是不是漏掉了一些复杂深奥的部分。”

就在那时，保罗·萨缪尔森博士作为一位经济学家的生涯刚刚启航，而他最初涉足这一领域“纯粹是因为好玩”。众所周知，他是麻省理工学院的教授，曾任国际经济学会主席，出版了一些著作，包括那本一直以来非常畅销的经济学教材《经济学》，发表了数百篇论文，对公共政策有着重大影响力，并且在 1970 年成为美国首位诺贝尔经济学奖得主。

“作为一个早熟的少年，我总是很擅长逻辑推理和那些智商测试中的难题。所以，与其说经济学是最适合我的，倒不如说我是为经济学而生的。

我的经验之谈在于，儿时在玩乐中如果有所发现，绝不要低估它们的重要性，因为这极有可能将平庸者变成真正的勇士。”

顿悟的力量

吉莉安·琳恩、马特·格罗宁和保罗·萨缪尔森三个人有着截然不同的故事，但都传达了一个非常强大的信息，他们每个人都发现了自己本能热爱的事情，点燃了自己的热情，让他们获得了巨大的成就和强烈的满足感。我把他们的故事称为“顿悟的故事”，因为这些故事里都暗含有某种程度的启示，是他们人生的分水岭。这些顿悟完全改变了他们的生活，给他们指引了方向与目标，并扫清了前进道路上的阻碍。

他们和书中其他人都找到了自己的最佳位置。他们已经发现了自己的天赋，那些他们热爱且擅长的事情。**天赋是一种定义自我潜能的不同方法，它在每个人身上的表现都不同，但天赋本身却是万变不离其宗的。**

吉莉安、马特和萨缪尔森已经在他们的人生中完成了一件伟大的事，但他们并不是唯一能做到这一点的人。他们的特殊之处在于：他们发现了自己喜欢的事情，而且确实付诸行动了。他们发现了自己的天赋，但据我所知，大多数人都没有做到这一点。发现天赋对每个人的幸福和成功都至关重要，而且对于组织的健康和教育系统的有效性都有着潜在的影响。

我坚信，如果每个人都可以找到自己的天赋，那我们就都有潜力达成更高的成就和自我实现的目标。我不是说每个人都会成为一位舞者、漫画家或诺贝尔经济学家。我的意思是，**每个人都有独特的天赋和热情，它可以成就超乎想象的我们。理解这一点，就可以改变一切。它在如此不确定的未来之中，是我们最好的，或许也是唯一的途径，能帮助我们通往真正且持续的成功。**

融入自己的天赋，需要首先找到自己独特的天赋和热情。为什么大多数人都没有发现自己的天赋呢？最重要的原因之一是，大多数人对自己天生能力的认识非常有限，我们可以从几个方面来证实。

第一种限制在于我们对自身能力的理解。每个人都有与生俱来的非凡想象力、智力、感觉、直觉、灵性、身体和感官意识。在大多数情况下，我们只运用了其中的一小部分，或许有些部分根本没有用到。许多人没有发现他们的天赋，是因为他们不了解自己的能力。

第二种限制在于我们对这些能力相互关系的理解。在大多数情况下，我们认为自己的思想、身体、感情，以及与他人的关系都是相互独立的，就像各个独立的系统。许多人没有发现自己的天赋，是因为他们不明白自身有机性的奥义。

第三种限制在于我们对自身发展和变化潜力的理解。在大多数情况下，人们似乎认为生活是线性的。随着年龄的增长，我们的能力会下降，错过的机会永远都不会再现。很多人没有发现自己的天赋，是因为他们不理解不断更新的潜力。

这些有关自身能力的限制性观点，会在我们的同侪群体、文化背景和自我预期中变得更复杂，而一个所有人都要面对的因素就是教育。

我知道一些最杰出的、最有创造力的人在学校的表现并非很好。他们中很多人直到离开学校，脱离学校教育之后，才发现了自己可以做的事情，以及他们自己是什么样的人。

我出生在英格兰利物浦，20 世纪 60 年代，我进入了当地的利物浦大学。城市的另一边是利物浦学院（Liverpool Institute），其中有个学生叫保罗·麦卡特尼（Paul McCartney）。麦卡特尼在利物浦学院的大部分时间都在鬼混。他回家之后不是在学习，而是将学校之外的大部分时间花在听摇滚音乐和学习吉他上。这个选择非常聪明，尤其当他在利物浦另一个区的游园会上遇到了约翰·列侬。他们对彼此印象深刻，并最终决定与林戈·斯塔尔（Ringo Star）、乔治·哈里森（Geroge Harrison）组建一个乐队，这个乐队就是后来的“甲壳虫乐队”。显然，这是一个非常棒的主意！

到了 20 世纪 80 年代中期，利物浦大学和利物浦学院都关门了，学校建筑均被废弃。之后两所学校校址都被改造成了另一番模样，开发者把我的母校利物浦大学变成了豪华的住宅单元，而在我读书的时候，那里跟奢侈扯不上一点关系。利物浦学院现在已经成为利物浦表演艺术学院（Liverpool Institute for Performing Arts，简称 LIPA），一个欧洲领先的专业艺术培训中心，主要发起人就是保罗·麦卡特尼爵士。那些他十几岁就在其中做着白日梦的、古老的、尘土飞扬的教室，现在坐着来自世界各地、心怀音乐梦想的学生，以及那些想要以更丰富的形式登上舞台的人。

我在利物浦表演艺术学院成立的早期曾担任了某些角色，在学院成立 10 周年的时候，学校董事颁给了我一项荣誉奖。我回到利物浦接受颁奖，而保罗·麦卡特尼爵士是当年毕业典礼上的颁奖嘉宾。我给毕业生们讲述了这本书里的观点：他们需要找到自己的激情和天赋，而教育往往对此没有帮助，而且经常适得其反。麦卡特尼爵士那天也进行了演讲，并且直接回应了我演讲的内容。麦卡特尼说，他一直很喜欢音乐，但他从未享受过学校的音乐课程。老师认为孩子们可以通过吱吱呀呀的古典作品表达对音乐的赞美，但麦卡特尼觉得这和学校其他的一切一样无聊。

麦卡特尼告诉我，在整个受教育过程中，没有一个人注意到他有音乐天赋。甚至他想要加入利物浦大教堂唱诗班的申请也被拒绝了。他们说他不是一个好歌手。真的吗？唱诗班有多好？一个合唱团可以有多好？具有讽刺意味的是，当年拒绝了年轻麦卡特尼的唱诗班，最终翻唱了他的两张经典专辑。不是只有麦卡特尼一个人的天赋在学校里被忽视了。据我们所知，猫王埃尔维斯·普雷斯利（Elvis Presley）也曾遭到了学校合唱团的拒绝，组织者说，他的声音会毁了他们的合声。就像利物浦大合唱团一样，他们也有要坚持的标准，而他们用这种“高山仰止”的标准将猫王拒之门外。

几年前，我和蒙蒂巨蟒（Monty Python）喜剧剧团的约翰·克利斯（John Cleese）聊了很多创造力的故事，其中就包括他的教育经历。显然，克利斯在学校的表现很好，但不是在喜剧方面。他说，从幼儿园到剑桥大学，没有一位老师认为他有幽默感，但是毕业之后，很多人都觉得他应该选择这条道路。

学校的过失

如果这些例子毫无关联，那么提到它们并没有什么意义，但事实上并不是这样。在这本书中，你会看到很多人在学校表现不佳，或者不太享受校园生活。当然，还有很多人在学校表现得很好，也很热爱自己所处的教育体系。但是，有很多毕业生或肄业生都不知道自己真正的天赋，对未来的方向也很迷惘。很多人觉得自己擅长的事情并不为学校所重视，还有很多人认为自己根本没什么天赋。

我此生的大部分工作都和教育相关，我不认为这种现象是教师个人的过错。显然，相关人士应该做些其他的事情，尽可能保护这些年轻教师的发展。事实上，当前的教育系统中也有很多才华横溢的好老师。

大多数人的一生中，都会遇到启发我们并改变我们生活的某位老师。这些老师很棒，也很了解我们，他们在公共教育的基本文化氛围和刻板思维中仍然可以保护学生。公共教育系统中的文化氛围有很严重的问题，而且我看不出任何有效的改进。当前许多教育系统中的问题都在变得越来越严重，到处都是如此。

当我和我的家人从英国搬到美国，我们的两个孩子詹姆斯和凯特开始在洛杉矶上高中。在某些方面,美国的教育系统与我们了解的英国系统非常不同。孩子们必须开始学习一些他们从未接触过的科目，比如美国历史。而在英国，我们不但不教授美国历史，而且会刻意抑制它。英国的政策是为整段美国历史遮上面纱。我们是在距离美国独立日还有 4 天时到达美国的，所以看到了人们的庆祝活动以及对英国人的驱逐。如今，我们已经在美国待了几年，已经知道会发生什么，每逢独立日我们就会关上百叶窗在家翻看女王的旧照片。

但是，美国的教育系统和英国在很多方面是非常相似的，世界上大多数的其他地方也是如此。这些教育系统有三个非常突出的特点：

第一个特点是只关注某些类型的学术能力。我知道学术能力非常重要，但学校系统往往只专注于某些种类的批判分析和推理，特别是语文和数字。但事实上，和这些技能一样重要的，还有很多不同的人类智慧。我将在下一章详细讨论这个问题。

第二个特点是学科的层次结构。学科层次结构的顶部是数学、科学和语言技能，中间是人文学科，最底端是艺术。在艺术之中还有一个单独的层次结构，即音乐和视觉艺术，这两者通常有着比戏剧和舞蹈更高的地位。事实上，越来越多的学校正在削减艺术课程。一个大型高中可能只有一个美术老师，而小学生基本没多少可以简单地涂涂画画的时间。

第三个特点是越来越依赖特定类型的测评。所有孩子都面临着在范围狭隘的标准化考试中得分必须越来越高的巨大压力。

为什么会这样呢？主要是文化和历史原因。我们当然会在后面的章节详细讨论这个，而且我会谈到我们应该如何来改变教育。重点在于，多数的大众教育系统都是在最近才变成这样的，也就是在 18 世纪、19 世纪。这些系统是为了迎合由欧洲和美国的工业革命主宰的时代的经济利益。数学、科学和语言技能是工业时代的工作基础。文化和历史对教育的另一个重大影响在于大学的学术氛围，它已经抛弃了任何与心灵、身体、感觉和大脑相关的活动。这样做的结果就是：**学校系统灌输给我们的，是一种非常狭隘的智力和能力观念，也高估了某些种类的天赋和能力。**在这一过程中，它们忽视了其他同样重要的东西，不顾它们之间及维持人们与社区活力的关系。**这种分层，这种“普适”的教育方法其实边缘化了那些天生不适合这种学习方式的孩子。**

世界上很少有学校和学校系统会将舞蹈作为每天正式课程的一部分，就像它们对待数学一样。但我们知道，许多学生只有通过他们的身体才能学习。例如吉莉安就告诉我，她在发现自己的舞蹈天赋之后，所有的学科成绩都提升了。她就是“移动思考”（move to think）的一个典型例子。不幸的是，大多数孩子都不会遇到吉莉安的心理咨询师这样的“伯乐”，尤其是在现在。当他们有多动症的时候，如今的心理咨询师只会开药，并告诉他们冷静下来。

当前的教育系统也严重限制了教师的教学和学生的学习。学术能力固然非常重要，但是其他的思维方式也很重要。那些通过视觉学习的学生可能会偏爱某一个主题或学科，但如果老师只采用一种非视觉的教学方式，他们就不会意识到学习方式的差异和效用。然而，我们的教育系统越来越鼓励教师以一种统一的方式培养学生。为了充分领略顿悟故事的含义，找到每个人的天赋，我们需要彻底反思我们的智力观。

现在的年轻人面临着21世纪的世界对创造性思维能力的要求越来越高的现状，但当前的教育方法却阻碍着这种能力的培养。我们的教育系统过度强调了问题的标准答案。事实上，通过《不让一个孩子掉队法案》（*No Child Left Behind Act*）[①]这样的项目，以及它所坚持的美国境内所有孩子都应遵循同一标准，我们比以往任何时候都更加强调一致性，更倾向于寻求所谓的“正确”答案。

所有的孩子在刚开始上学时，都拥有闪闪发光的想象力，充满惊喜的思考和承担风险的意愿。我儿子4岁的时候，他的幼儿园展映了基督诞生的故事。展映期间出现了一个美妙的时刻，三个扮演“三智者”的小男孩走上台，带着他们给上帝的礼物黄金、乳香和没药（myrrh，一种中药）。我感觉第二个男孩

① 美国联邦教育法，旨在通过让学校达到强制标准来提升美国公立学校的表现。

有点走神，讲乱了台词。第三个男孩没能即兴发挥，也没有彩排到这一点，毕竟他只有 4 岁。第一个男孩说："我给你带了黄金。"第二个男孩说："我给你带了没药。"第三个男孩说："弗兰克带来了这个。"弗兰克是谁？第 13 个使徒吗？还是丢失的弗兰克经书？

我很喜欢这个故事，因为这告诉我们：当孩子很小的时候，他们并不特别担心犯错。如果不确定在某个情况下要做什么，他们就会顺其自然，看看会发生些什么。我并不是说犯错就等于创意。有时候犯错就是犯错，但事实是，如果你害怕犯错，你就永远不会有创新。

一些政策制定者对"回归基础"，升级教育标准的理解存在一种根本性的缺陷。他们所说的回归基础指的是强化工业革命时代的层次结构。他们似乎认为，用一份包含阅读、写作和算术的菜单就能喂饱我们的孩子，而且孩子也将具有更强的全球竞争力，能够为未来做好准备。

这种错误的思维方式会带来灾难性的后果，它严重低估了人类的能力。我们赋予标准化考试无比的重要性，削减自己认为"不必要的"项目经费，然后我们却在思考：为什么我们的孩子缺乏想象力、缺乏创见？正是因为这些原因，我们目前的教育体系正在系统地损耗孩子的创造力。

大多数学生不会去探索他们全方位的能力和兴趣，这些被教育制度疏离的学生的思维方式是不同的，这就是为什么你见过的一些最成功的人在学校里的表现却不怎么样。**教育系统应该发展我们天生的能力，让我们能够以自己的方式立足世界。**事实上却正好相反，教育系统扼杀了太多学生的个人天赋和能力，还摧毁了他们的学习动力。这一切都是巨大的讽刺。

很多学校系统往这个方向发展的原因在于，政客们似乎认为这对经济增长和竞争是必要的，这样可以帮助学生找到工作。但事实是，21 世纪的就业与竞争力完全取决于那些被学校系统打压的品质，也就是这本书里提倡的能力。众多企业都表示，他们需要有创意、能独立思考的人。这一观点也不仅仅适用于商业，而关乎任何工作的目的和意义。

回归基础的想法本身没有错，我也相信我们需要让孩子回归基础。然而，如果真的要这样做，我们就需要全方位去追溯，需要重新思考人类能力的基本性质和教育的根本目的。

在人类历史上曾经有过的一段时间里，蒸汽机是至高无上的。它是强大的、有效的，明显比之前的任何动力系统都更加有效。然而，它最终还是落伍了，人类也因此迎来了全新的内燃机时代。在许多方面，我们目前的教育体制就像蒸汽机，它很快就要被淘汰了。

当我们离开学校后，旧式思维的问题并未随之结束。教育的这些特性同样存在于公共机构和企业组织中，循环往复。企业界的人都知道，员工在职业生涯的早期很容易被“标签化”。在被贴上标签后，员工就很难充分发挥自身的其他能力，或许是他更具天赋的能力。如果企业看到了员工的金融类标签，那他就会很难找到与创意相关的工作。我们可以从自己做起来改变这种思维，在组织中改变自己的行为方式。事实上，这样做至关重要。

技术的一代

2015 年入学的孩子将在 2070 年退休。没人知道 10 年后的世界将是什么样子，更不用说 2070 年了，导致变化的两个主要驱动力是技术和人口。

技术，尤其是数字技术正在以大多数人难以理解的速度发展着。这也导致了一些专家所谓的，自摇滚乐之后又一最大的代沟。现在年龄在30岁以上的人出生在数字革命真正开始之前。成年人学会使用数字产品，如笔记本电脑、相机、互联网，就像学习一门外语一样，尚且可以做到，有些人甚至可以成为专家。我们可以发电子邮件、做幻灯片、上网，就像自己正位于网络时代的前沿。但和大多数30岁以下的人，尤其是20岁以下的人相比，我们顶多算是业余爱好者。在这个年龄段的人出生时，数字革命已经开始了，而数字语言几乎就是他们的母语。

我的儿子詹姆斯做家庭作业的时候，电脑上一般都开着五六个窗口，即时通信应用的对话框不停地闪烁着，手机响个不停，他还一边下载音乐，一边抬起头看电视。我不知道他是不是在做家庭作业，但只要我看到他能搞定，一般都会任由他去。**伴随着复杂技术成长起来的孩子会在同龄人中有更好的表现。这种革命尚未结束，事实上才刚刚开始。**

有些人认为，不久的将来笔记本电脑将能匹敌人类大脑的计算能力。试想一下，如果你给电脑发出了一个指令，它却反问你知不知道你在做什么时，你是什么感受？不久的将来，我们可以看到信息系统与人类意识的整合。如果回想一下过去20年里相对简单的数字技术对工作与工作方式的影响，以及这些技术对国家经济的影响，我们就可以设想未来的变化。而如果你无法预测，请不要担心，因为这说明没有人可以做到。

人口增长也将会对我们产生巨大的影响。今天世界人口超过了70亿，21世纪中叶这一数字可能达到90亿。而这些新生人类将使用那些尚未发明、我们也无法想象的技术，从事现在还不存在的工作种类。

这些推动文化和技术发展的力量，正在给世界经济和日益复杂多样的人类生活带来深远的影响与转变，特别对于那些年轻人来说。显而易见的事实是，当前正是前所未有的全球剧变的时代，我们可以确定未来的趋势，但想要准确预测几乎不可能。

对我来说，20 世纪 70 年代的代表作之一，是阿尔文·托夫勒（Alvin Toffler）的《未来的冲击》（*Future Shock*）。在那本书中，托夫勒讨论了社会和技术变革的剧烈影响。在洛杉矶生活的一个意想不到的收获就是，我和妻子特里成了托夫勒和他妻子海迪的朋友。一次共进晚餐的时候，我们问他们是否同意这样的观点：目前的世界正在经历空前的变革。他们回答说，在人类历史上，没有任何一个时代可以匹敌当今变革的规模、速度和复杂性，也包括我们所面临的挑战。

在 20 世纪 90 年代末，谁能准确地预测到 10 年后世界的政治气候是现在这样？互联网会产生如此广泛而深刻的影响？经济全球化会达到这样的程度？而我们的孩子会以如此截然不同的方式与人沟通？我们中的一些人可能会猜到其中一二。但言及猜中所有，哪有人能有这样的远见？然而，这些变化实实在在地改变了我们的生活方式。

而且，变化还在加速。更甚者，我们根本不知道未来会如何变化。

我们所能知道的只是趋势，世界的变化将会更加令人称奇；中国、俄罗斯、印度、巴西和其他国家，将在世界经济中发挥更加显著的作用；人口将会继续增长，达到史无前例的规模；技术将开辟前沿的新兴领域，以惊人的速度走入我们的家庭和办公室。

我们知道，众多的国家和人民将卷入到这场“游戏”之中，而正如我们讨论的，技术将在“游戏”的过程中不断改变规则，这些事情组合在一起，让我们可以得出这样的结论：未来将完全超乎我们的想象。

我们能为未来做的唯一准备，就是让自己的潜能尽可能地发挥，去做那些能让自己变得灵活高效的事情。

在这本书中，你会看到很多人不单纯出于追求高薪，而是选择了追随自己的激情，因为他们无法想象自己的人生除此之外还能做什么。他们发现了自己天生就应该从事的事业，为了掌握这些领域的精髓、达到炉火纯青的地步投入了难以想象的精力。如果明天世界就会天翻地覆，他们也会想办法让自己的才能适应这些变化。他们会找到另一种继续发挥自己天赋的事情，因为他们对于使自己的天赋如何适应新环境有着系统而动态的认识。

许多人为了获得经济保障，会保留自己的热情去追求那些他们并不关心的事情。但事实是，你从事的这份“付账单”的工作很容易在未来 10 年里被淘汰，如果你从来没有学习到创造性思考，没有尝试探索过自己真正的能力，到时候又能做些什么呢？

举个更加具体的例子，如果我们还沿用旧的教育模式教育我们的孩子，他们如何能为未来的生活做好准备？我们的孩子很可能会在工作期间从事多种职业，而不是简单的多个工作。他们中的许多人肯定会从事当前无法想象的工作。所以，我们不应该鼓励他们通过尽可能多的途径去探索他们真正的天赋和热情吗？

我们唯一知晓的是，未来会有所不同，同时也应该明智地去应对。我们需要对人力资源，以及如何开发人力资源以面对这些挑战进行不同角度的思考。我们需要做的，是拥抱天赋。

拥抱你的天赋

天赋是天生能力和个人热情的结合。你会发现本章中的人物，以及接下来几章中的大多数人都在做他们喜欢的事情，因为他们在这些过程中感受到了最真实的自我。他们对时间的流逝有着不同的感觉，能感受到自己的生命比其他任何时候都更加充满活力、专注、精力充沛。

乐享天赋的他们体验到了超乎一般的快乐和幸福。我们不是在谈论简单的说笑、美好时光、日落或者聚会。当人们获得自己的天赋时，他们打通了基本的自我认同、目标感和幸福感，也获得了一种自我启示，即定义真正的自我，定义他们人生真正想做的事情。这就是为什么本书中很多人都将天赋描述成一种顿悟。

我们如何找到自己与他人的天赋呢？这里并不存在一个确定而严格的公式。每个人的天赋都不尽相同，而这正是问题的关键。每个人拥有的并不局限于某一种天赋。有些人可能会对一种或多种活动充满热情，也可能都很擅长；而其他人则可能拥有一种奇异的激情和能力，使得他们的自我实现远远超过其他任何事情，这并没有什么限制和规定。但我们可以说，天赋之所以为天赋，是因为它提供了一种针对天赋的思维框架，使我们知道要寻找什么，怎么去做。

天赋有两个主要特点，找到天赋也有两个条件。两个特点是天资和热情，两个条件是态度和机遇。发现天赋的顺序是这样的：了解天赋－热爱天赋－立志实现天赋。然而，天赋在哪里？

了解天赋

天赋是一种天然的倾向，是对于某些东西是什么、如何运转，以及如何使用的一种直观感觉或领悟。吉莉安·琳恩天生就对跳舞有感觉，马特·格罗宁擅长讲故事，保罗·萨缪尔森则是天生的经济学家和数学家。天赋是很个性化的东西，可能是某些一般性事情，比如数学、音乐、体育、诗歌或政治理论，也可能是非常具体的方面，比如不是所有类型的音乐，而是爵士乐或说唱；不是一般的吹奏乐器，而是笛子；不是笼统的科学，而是生物化学；不是所有田径项目，而是跳远。

我们在本书中将会看到天生擅长各类事物的人。他们并不是擅长所有的事情，而是擅长某些具体的方面。保罗·萨缪尔森天生就擅长数学，其他人则不然。我碰巧就是这样的人。在学校的时候，我的数学成绩一直不好，毕业的时候，我还在想终于不用再学数学了。当有了自己的孩子时我才发现，数学就像是电影里你以为已经死掉的怪物，最终还是会卷土重来。为人父母的噩梦之一就是必须帮助孩子做家庭作业。你可以糊弄一阵子，但在内心深处你知道，算总账的日子总会来临。

直到我的女儿凯特 12 岁的时候，她都以为我无所不知。这也是我一直努力营造的印象。当她还小的时候，她会叫我帮忙解决一个她很久都没解出来的英语或数学问题。我脸上总挂着自信的微笑，搂着她，从容地说道：“来，我们来看看。”我会假装自己也觉得很难，这样她会感觉好受一些。然后，她会满怀崇拜地看着我用乘法表和简单减法轻松地解决难题，就好像我是一些数学天才一样。

在凯特 14 岁的某一天，她拿着一页满是一元二次方程的纸回了家，害得我又冒起了冷汗。就在这时，我让她尝试运用一种“探索学习”（learning-by-discovery）的方法。我说：“凯特，我不应该直接告诉你答案，这不是我们学习的方法。你需要自己努力解决它，而我要去喝一杯杜松子酒。等你解决了这个问题，也没有必要告诉我答案，告诉你的老师就好了。”

一周之后，凯特又带了在一本杂志中发现的连环漫画回家。她说：“这是给你的。”这幅漫画画的是一位父亲在帮他的女儿做家庭作业。在第一幅画中，父亲靠着女儿的肩膀问：“你要做什么啊？”小姑娘说：“我要找到最小公分母。”父亲说：“啊？还在找吗？我读书的时候他们就一直在找啊？”我特别理解他的感受。

不过，对于一些人来说，数学的确是美丽和迷人的，正像另一些人对诗歌和音乐的感受一样。寻找和开发我们的创造能力，是我们成为真实自我的基础。**只有我们知道自己能做什么之后，我们才知道自己会成为什么样的人。**

热爱天赋

找到天赋绝不仅是一个天资的问题。我知道很多天生有所擅长的人，但是他们感觉不到生命的召唤。获得天赋还需要更多的激情，找到天赋的人会在他们所做的事情中获得深刻的喜悦和快乐。

我的弟弟伊恩是一个音乐家。他打鼓、弹钢琴、弹贝斯。多年前，他加入了一支利物浦当地的乐队，这个乐队中有一位非常有才华的键盘手查尔斯。在他们的某次演出后，我告诉查尔斯，我觉得那天晚上他表演得太棒了。然后我说，我也想像他一样把键盘弹得那么好。“不，你不会的。”查尔斯说。我很震惊，但我还是坚持自己很想这样。“不，”他说，“你的意思是，你觉得玩键盘这个想法不错。但如果你想玩，你应该已经这样做了。”查尔斯说，如果要像他那样弹得那么好，除了表演外每天都要练习三四个小时。他从 7 岁开始就一直如此。

突然之间，玩键盘以及查尔斯本人都看起来没那么吸引人了。我问他是如何保持这样严格的练习习惯的。查尔斯说：“因为我喜欢。”他无法想象自己还会去做其他什么事情。

立志实现天赋

态度是我们对自己和环境的个人看法，也是我们看待这些事情的角度，是我们的性格和情感观念。许多事情都会影响我们的态度，包括我们的人格特征、心灵、自我认同感、对周围人的看法、周围人对我们的期望等。对于我们的基本态度，一个有趣的指标就是我们对于运气的理解。

热爱自己工作的人往往会认为自己很幸运，认为自己人生不成功的人，则常常抱怨自己一直不走运。虽然每个人的生活中都存在偶然和随机，然而幸运并非纯粹的概率。成功人士往往都具备相似的态度，比如坚韧、自信、乐观、有抱负，能承受挫折。**我们如何看待自己所处的环境，如何创造并抓住机会，很大程度上取决于我们对自己的期望。**

天赋在哪里

如果没有合适的机遇，你可能永远都不会知道你的天赋在哪里，或者了解这种天赋能让你成为多么优秀的人。南极没有很多牛仔，撒哈拉沙漠也不会有很多优秀的潜水员。能力的显现不是肯定的，除非你有机会运用它们。这也就是说，我们可能永远不会发现自己真正的天赋。这很大程度上取决于我们拥有和创造的机会，以及我们能否和如何抓住这些机会。

实现你的天赋，往往会让你与其他拥有同样热情的人联合，形成一种结盟的认同感。在现实中，这意味着我们应该积极寻求机会，去探索自己在不同领域的天赋。我们经常需要别人的帮助才能认识到自己真正的天赋，而我们也可以帮助别人去发现他们的天赋。

在这本书中，我们将详细探讨天赋的主要构成部分。我们将分析那些发现自身天赋者的共同特点，分析那些让这些人接近天赋的环境和条件，以及发现天赋道路上的阻碍因素。我们会看到这条道路上的引领者、正在努力的人，以及那些已经偏离轨道的机构。

我写这本书的目的，就是要说明那些你可能已经本能地感受到的概念，启发你去追求自己的天赋，并帮助别人也这样做。我希望你能发现，这是一种了解你自己和周围人潜力的新方式。

天赋的一个关键在于，我们需要挑战对于自身能力和他人才能的固有观念。创造力和创新的敌人之一就是常识，特别是在有关我们自身发展的方面。

THE ELEMENT

02

天赋，
每个人专属的礼物

How Finding Your Passion Changes Everything

THE ELEMENT 数学白痴，音乐天才

米克·弗里特伍德（Mick Fleetwood）是世界上最著名、最有才华的摇滚乐鼓手之一。他的乐队弗里特伍德麦克（Fleetwood Mac），曾卖出超过千万亿张唱片，摇滚评论家视其专辑《弗里特伍德麦克》（*Fleetwood Mac*）和《流言》（*Rumours*）为天才之作。然而，他在学校的考试成绩表明，他的智力并没有那么高，或者说至少不像我们许多人认为的那么高。

“我完全不参与任何学术性活动，也没人知道为什么，”米克告诉我，“读书的时候，我有学习障碍，现在依然是这样。我不懂数学，一点儿也不懂。如果现在让我倒背字母表，我很难能背正确，如果我能很快顺着背对了，那也是运气。如果有人问我：‘这个字母的前面一个是什么？’我会吓出一身冷汗。”米克在英国就读于一所寄宿学校，他在那里度过了一段非常不愉快的时光。“我有很好的朋友，但就是不快乐，我总感觉自己被排斥。我觉得很痛苦。我不知道自己要做什么，因为所有学业都是一团糟，我没有任何值得骄傲的事情。”

米克和后来那些买他专辑或参加他演唱会的人是幸运的，还好他的家人对他的认识不局限于学校教的东西和考试成绩。他父亲是一名皇家空军战斗机驾驶员，退役后遵循自己的爱好开始写作。父亲带着全家人在英国东南部半岛肯特郡泰晤士河上的一条驳船上住了3年，以追求自己当作家的梦想。米克的姐姐萨莉去伦敦做了一名雕刻家，另一个姐姐苏珊正在戏剧界谋求发展。在弗里特伍德家族里，每一个成员都明白，才华有很多种，一个人数学不好、不能倒背字母表，并不意味着他就注定要过一种卑微的生活。

米克还会打鼓。“弹钢琴可能让人显得更有灵气一些，”他说，“但是我就喜欢用鼓槌敲击鼓面或者椅子，这不是很有灵气的表现，‘好吧，每个人都能这样做，这也不是什么聪明的表现’。但在我决定从事这种敲敲打打的事业时，对我来说，它变成了一件不成功便成仁的事情。”

米克的顿悟时刻，就是确定“敲敲打打的事业”将成为他的人生志向的那一刻，出现在他去伦敦探望姐姐的时候。那时候，身为一个小男孩，“跟着钢琴手去了一个名为切尔西的地方。那里的人们演奏着我们现在所知的迈尔斯·戴维斯（Miles Davis）的曲子，抽着吉坦牌香烟。我注视着他们，仿佛看见另一个世界的大门正在向我敞开，这种氛围深深吸引着我，我感到舒服极了，一点儿也不觉得拘束，这就是我的梦想所在！”

“回到学校后，我仍然沉浸在那些画面里，我梦想着自己的道路，我甚至都不知道自己是否能和别人一起演奏，但是这些想象将我从学业的可怕噩梦中拯救了出来。虽然我内心有很多期望，但我总是非常难受，因为学校的所有事情都表明，如果这样继续下去，我将一事无成。”

之后，米克的成绩还是让老师感到恼火。老师也知道他是聪明的，但他的成绩就是不好，这使得老师也无能为力。这种经历让这个梦想成为鼓手的男孩遭受着巨大的挫败感。最后，他终于在青春期出走了。

“有一天，我走出学校坐在一棵大树下。我并不是虔诚的信教者，但就在那一刻，我的泪水夺眶而出。我满脸泪水，祈求上帝，我再也不要待在这里了。我想去伦敦，想去某个爵士酒吧表演。这听起来的确很天真、很荒谬，但是我为自己树立了一个坚定的目标：我一定要成为一名鼓手。”

米克的父母也明白，学校并不适合米克这样的孩子。16 岁的时候，他跟父母谈起了离开学校的想法，父母并没有要求他坚持到毕业，而是将他送上了去伦敦的火车，让他去学习打鼓，追求自己的梦想。

如果米克还待在学校的话，接下来的一系列“突破”绝对不可能发生。有一次，米克正在车库练习打鼓，米克的邻居，一个名叫彼得·巴登斯（Peter Bardens）的键盘手敲开了他的门。米克想，巴登斯肯定是来让他安静的，但令人意外的是，这位音乐家是来邀请他去当地的一家青年俱乐部演出的。这让米克从此进入了伦敦 60 年代的核心音乐圈。“作为一个孩子，当时我并没有多少成就感。但是现在，我开始觉得做我自己以及自己正在做的事情都还不错。”

米克的朋友，彼得·格林（Peter Green）曾多次推荐他替代“布鲁斯开创者”（Bluesbreakers）乐队鼓手约翰·梅奥尔（John Mayall）的位置，这个乐队的成员包括了来自“奶油”（Cream）乐队的埃里克·克拉普顿（Eric Clapton）、杰克·布鲁斯（Jack Bruce），以及来自“滚石”（Rolling Stones）乐队的米克·泰勒（Mick Taylor）。不久后，米克与格林以及一名“布鲁斯开创者”乐队的前队员约翰·麦克维（John McVie），组建了弗里特伍德麦克乐队。接下来就是有关屡创唱片销售和演唱会满座纪录的辉煌历史了。尽管米克成了全世界最出名的鼓手，但他对自身天赋的认知仍然残留着求学时期留下的伤痕。

“我的表演风格没有任何有关数字的规律。如果有人突然问：‘你知道四八拍是什么吗？’我可能会立刻不知所措。跟我合作的音乐人都知道，我其实是个孩子。他们说：‘你知道的，在副歌里面，在第二节……’，我会说：‘我不知道。’因为我不知道一首曲子的副歌是什么，但是，如果放那首歌我就知道了，我是听歌词的。”

对于米克·弗里特伍德来说，离开学校，离开那种仅测试狭隘智力的教育系统，反而让他获得了巨大的成功。“我父母也发现我这个小家伙绝不是做学术的料。”米克之所以能成功，是因为他本能地发觉了自己拥有一种考试成绩无法衡量的天赋。他之所以能成功，还因为他拒绝了让“继续这样下去，我将一事无成”的预言变成现实。

冲破观念的藩篱

天赋的一个关键在于，我们需要挑战对于自身能力和他人才能的固有观念，这并不像我们想象的那么容易。识别已经习以为常的观念存在难度，而困难的原因之一就在于，我们根本不知道它们是什么，一开始就认为它们是对的。这些观念已经成为我们不会质疑的基本假设，成了我们自身逻辑的一部分。我们不质疑这些观念，是因为我们认为它们是基础性的，就像是我们生活的一个组成部分，和空气、重力和奥普拉脱口秀一样。

一个很多人认为理所当然的最佳案例是，人类的感官有多少种。在问观众这个问题的时候，我有时会让他们自己来数一数。大多数人会回答“5种”，包括味觉、触觉、嗅觉、视觉、听觉，有些人会说还有“第六感”——直觉，但很少会有人提供除此之外的任何答案。

然而，前 5 种感官和第 6 种是有差别的。前 5 种感官都对应着特定的器官，鼻子与嗅觉、眼睛与视觉、耳朵与听觉等。如果器官受伤或受到任何损害，相应的感官都会受损，而对于直觉来说明显不是这样的。这是一种对女性而言可能更敏感的玄妙感觉。所以，基于我多年来和各种人的讨论，一般来说，人类有 5 种“明确”的感官和一种“神秘”的感觉。

人类学家凯瑟琳·林·戈伊茨（Kathryn Linn Geurts）有一本有趣的书叫《文化和感官》（*Culture and the Senses*）。在此书中，她提到了自己对加纳南部安洛埃维（Anlo Ewe）人的研究。不得不说，对当今这些被边缘化的族群我有些同情。看起来，人类学家的研究方法总是贴身跟着这些当地人，就好像当地一个普通家庭里包括三个孩子和一位人类学家，而这位人类学家总是坐在旁边问他们早餐吃什么。不过，凯瑟琳的研究是很具有启发性的。

她了解到有关安洛埃维人的一件事是：这些人对感官的认识和我们不一样。首先，他们从未想过厘清感官的种类，整个感官概念都在他们的字典之外。此外，当凯瑟琳给当地人列出我们认为的 5 种感官时，他们询问了另一种，也就是最主要的一种。他们不是在说那种“神秘”的感觉，也没有说那些在其他人类身上已经消失，而仅存留在安洛埃维人身上的感觉。他们说到一种我们所有人都具备的感觉，也是人类世界运转的基础——平衡感。

内耳的液体和耳骨协调着平衡感。你可以想象一下，因疾病或者酒精导致平衡感被破坏会对生活产生多大的影响，你就知道它在我们的日常生活中有多么重要了。然而大多数人从来没想过把平衡感列入感官的名单之中，这并不是因为他们没有平衡感，而是因为人们已经变得如此习惯于认为，我们有 5 种感觉或者还有另一种神秘的感觉，这让他们已经停止了对此的思考。这是一个常识问题，人们却习惯性地忽略了。

创造力和创新的敌人之一就是常识，特别是在有关我们自身发展的方面。剧作家贝托尔特·布莱希特（Bertolt Brecht）曾经说过，一旦某件事情成为世界上最明显的事情，就意味着我们已经放弃了对理解它的各种尝试。

如果你一开始没有猜到平衡感，也不要觉得难过。实际上，我遇到的大部分人都没有猜到。这种感官和我们已经习以为常的前5种感官同样重要，但它并不是我们忽略的唯一一种感官。

生理学家在很大程度上也认为：除了我们都知道的5种感官，还有另外4种。第一种感觉是温觉（thermoception），这不同于触觉。我们不需要接触任何东西来感觉到热或冷。温觉也是一种至关重要的感觉，因为我们只能生存在一个相对狭窄的温度区间，这也是我们会穿衣服的原因之一。

第二种感觉是痛感（nociception）。科学家们现在普遍认为，这是一个不同于触觉或温觉的感觉系统。而对源于身体内部和外部的痛苦，我们也似乎有着不同的感知系统。第三种感觉是前庭感觉（equilibrioception，平衡感），包括我们的平衡感和加速度。接下来是第四种，本体感觉（proprioception），我们是在通过本体感觉在感受自己的四肢，以及身体的其余部分所在的空间及相互关系。这对于我们的直立、行走和平衡感的恢复都非常重要。而直觉似乎没有被大多数生理学家所接受，我们后面再来讨论它。

所有这些感官都影响着我们的感情，以及我们应对世界的能力。有些人在这些感官上会有非常特殊的变化，比如一些人会经历一种叫作“联觉”

（synesthesia）的体验，不同的感觉会混合或重叠在一起，他们可能会看到声音或听到颜色。这些感官非同寻常，也挑战着我们对于一般感觉的常识观念。这也说明了我们的感官和感觉是多么奇妙，无论我们有多少种感官，这些感官如何工作，它们都确实影响着我们对于世界、对于自己的理解。而我们中的许多人并不知道，甚至从未思考过这一点。

不是所有人都和我们一样具有平衡感或其他感官。住在伊利诺伊州莫顿格罗夫的巴特·康纳（Bart Canner）就是个例子。在还是一个婴儿的时候，他总是表现得十分安静。但是当康纳 6 岁时，他开始做一些很不寻常的事。原来，他在学会双脚走路的时候，也几乎可以用手走路。这算不上优雅，但这让他收获了很多微笑甚至大笑，以及来自家人的欢呼。只要家里来了客人，或者举办家庭聚会，大家都要让康纳来表演他的招牌动作。康纳没有期望获得什么好处，他只是很享受这样做以及因此带来的关注，他双手撑地、身体倒立，骄傲地走来走去。当他长大一些后，他甚至训练自己用手去上下楼梯。

当然，这没有太大的用处。毕竟，用手走路并不能让他的分数变得更高，或者以其他方式获得什么非凡成就。但是，这让康纳变得非常受欢迎，身边有个可以用手爬楼梯的人多有趣啊！

在康纳 10 岁时的一天，在母亲的鼓励下，他的小学体育老师带他去了当地的体操中心。当康纳走进体操中心时，他的眼珠子都要掉出来了！他人生中从来没有见过这么多奇妙的东西。那里有绳子、双杠、吊环、梯子、蹦床、鞍马，各种各样让他可以攀爬、跳跃、翻滚的东西，就像同时参观了圣诞老人的房间和迪士尼乐园一样奇妙。这就是他的归宿，他的生命在那一刻改变了。突然之间，他的天赋已经不只是娱乐自己和他人了。

经过无数小时的跳跃、伸展、翻滚、爬起，8 年后，巴特·康纳作为美国运动员走上了蒙特利尔奥运会的赛场。后来，他成了美国最荣耀的男子体操运动员，成为第一个在国际体操赛事上获得金牌的美国人。他获得过美国冠军、全美大学生联赛冠军、泛美运动会冠军、世界冠军、世界杯冠军和奥运会冠军。他曾连续出征了 1976 年、1980 年和 1984 年三届奥运会，在 1984 年洛杉矶奥运会上的表现更是堪称传奇：在肱二头肌撕裂的情况下，奇迹般地赢得两枚金牌。1991 年，康纳入选美国奥运名人堂，后又于 1996 年入选国际体操名人堂。

康纳现在从事着体操推广工作。他和同为奥运冠军的妻子娜迪亚·科马内奇（Nadia Comaneci）创办了一所非常火爆的体操学校，还有《国际体操运动员》（*International Gymnast*）杂志和一家电视制作公司。

像巴特·康纳和娜迪亚·科马内奇这样的运动员，对自己身体的能力有着非常深刻的认识。而他们所达到的成就表明，我们对于人类能力的理解真的是很有限。如果观察分析运动员、舞蹈家、音乐家和其他类型表演者的工作，我们可以看到，他们都在以非凡的方式思考着、表现着。在练习过程中，他们的整个身体都投入到了表现形式的塑造和记忆中。在这个过程中，他们依靠的是一些所谓的“肌肉记忆”。在表演的时候，他们通常会快速移动，而移动的方式非常复杂，基本上已经不能依赖常规的意识思考和决策过程了。他们从深刻的情感和直觉中汲取灵感，反射和协调运用的不仅是与理性思考有关的大脑额叶，更是整个大脑。如果他们真的和常人一样，他们的事业永远不会腾飞。

在这些方面，运动员和各种各样的演出工作者能够帮助我们深入了解人类的能力。很多人对这些能力持有一种根深蒂固的错误观点，我们对智力的认识也是如此。

给你的智力评级

每次演讲的时候，我还会做另一件事：让人们给自己的智力评级，从 1 到 10，10 代表最高级。通常情况下，只会有一两个人认为自己的智力达到了 10 级。当这些人举起手的时候，我通常会建议他们回家，因为他们有比听我演讲更重要的事情可以做。

除此之外，还有少量的人会选择 9 级，稍多一点的人选择 8 级。但有趣的是，几乎每一次，剩下的大部分观众都会选择 7 或 6 级。自此以后就没有什么人举手了。我也确实很少将这个调查完全做完。问到 2 级我就不再问了，避免那些认为自己的智力水平在 1 级的人因在公共场合承认这一点而感到尴尬。为什么每次的数据都会是钟形曲线呢？我认为，这是因为我们对于智力有一些根深蒂固的认识。

有趣的是，大多数人都会举起手，在这个问题上进行自我评价。他们似乎没有看到问题本身有任何问题，而乐于把自己定位在某个级别。只有少数人会质疑这个问题，询问我指的是哪一种智力，但我认为每个人都应该这样做。我确信，对于智力的通俗定义是这么多人低估他们真正的智力，也找不到自身天赋的主要原因之一。

对于智力的通俗观点一般是这样的：我们天生就有某些固定的智力。这是一种特质，就像眼睛是蓝色还是绿色，四肢是长还是短。智力本身会体现在某些类型的活动中，尤其是数学和语言。我们通常是通过纸笔测试检验智力，并给予它一个数字化的量级。仅此而已。

坦率来讲，我确信这种对智力的定义和智力本身一样值得质疑。但这个定义基本上贯穿了西方文化，乃至一些东方文化。这是我们教育体系的核心，支撑着养活全世界公共教育数十亿美元的测试行业。它是学术能力概念的核心，主宰着大学入学考试，稳固着学科教育的层级，是整个智商概念的根基。这种对智力的认知在西方文化中有着悠久的历史，至少可以追溯到伟大的古希腊哲学家亚里士多德和柏拉图，且于近期的 17 世纪和 18 世纪繁荣起来，也就是我们所知道的“启蒙运动”。哲学家和学者旨在为人类知识建立一个坚实的基础，结束关于人类本质的迷信和神思，他们认为前几代人已经为心灵蒙尘。

这次“启蒙运动”的支柱之一是，强调逻辑与批判性思维的重要性。哲学家认为，我们不应该接受任何没有经过逻辑推理证明的知识，尤其是词汇和数理。这种思路的问题在于，如果没有任何确定的根基，那么，从哪里开始思考其实是存在逻辑问题的。著名哲学家笛卡尔的结论是，他唯一能确定的是他自己的存在，他不可能将其他想法放在首位。众所周知，他的著名论断是“我思，故我在”。

“启蒙运动”还有另外一个支柱，就是越来越相信可以通过人类感观觉察的证据对于科学的重要性，而迷信或传闻则被排斥。推理与证据两大支柱，成为这一改变西方世界前景的智力革命的基础。它带来了科学方法的大发展，也使那些曾经拓展了人类对地球与宇宙认知广度和深度的见解、分析，以及人们对概念、物体、现象的分类方法分崩离析。同时，它还带来了令人叹为观止的技术进步，引爆了工业革命，也让这些概念占据了学术、政治、商业和教育领域的制高点。

逻辑和证据的影响已经超越了“硬”科学，它们还塑造了包括心理学、社会学、人类学、医学等人文科学的构建理论。19 世纪、20 世纪公共教育的发展，也是基于这些对于知识和智慧的新主张。工业革命带来了日益增长的社会需求，大众教育也因此逐渐发展，并产生了对快速简便的评估和选拔形式的需求。心理学的新学科也伴随着智力测验的新理论得到了发展。在大多数情况下，智力的测量主要集中在语言和数学方面，以及将这些结果量化的过程中，而其中最为重要的概念就是智商。

所以，我们开始将逻辑分析视为真正的智力，认定理性的思维形式优于感觉和情绪，而且只有通过语言传达或数学表达的概念才算真正的概念。此外，我们还相信，我们可以将智力进行量化，凭借智商测试和学术能力评估测试等标准化考试，就能识别出我们中间的聪明人，他们也因此值得被优待。

而具有讽刺意味的是，智商测验的创始人之一艾尔弗雷德·比奈（Alfred Binet），在发明这一测验时其实是想实现完全相反的功能。事实上，他最初受法国政府委托设计测验，是要识别出有特殊需要的孩子，以便他们可以得到适当的教育。比奈从未打算确认智力的等级或“精神价值”。比奈还说过，他创造的测验“不能测量智力，因为智力素质是无法叠加的，因此无法像线性曲面那样进行测量”。

比奈也从来没有说过：一个人不可能随着时间的推移而变得更加聪明。“最近的一些思想家，”他说，“认定一个人的智力是一个固定的数值，是不可能增长的。我们必须抗议和反对这残酷的悲观主义。我们必须设法证明它是站不住脚的。”

不过，一些教育家和心理学家曾经并且仍然在吹捧荒谬的智商值。1916年，斯坦福大学的刘易斯·特曼（Lewis Terman）修订了比奈的智商测验，这一版测验被称为“斯坦福 - 比奈测验”。现行的测验是它的第 5 个版本，“斯坦福 -

比奈测验”成了现代智商测验的基础。不过有趣的是，特曼对人类能力持有一种非常极端的观点。他在他的《智力测量》（*The Measurement of Intelligence*）这本书里说道：“在男性工人和女性仆人中，无数人都是意志薄弱的。他们在这个世界上劈柴挑水，辛苦劳作。然而，就智力而言，智力测验已经表明了这一点：再多的学校教育也不会使他们成为明智的选民，或真正意义上有能力的选民。”

在那段教育和公共政策的黑暗时期，特曼是活跃人士之一。很有可能你并不知道这一段历史，因为大多数历史学家选择对此避而不谈，或者称其为学术界一场不幸而荒唐的意外。“优生学运动”试图清除人口中的某个族群，声称犯罪和贫困等特征是先天遗传的，而且这些特征是可能通过智力测试来确定的。这场运动中最骇人听闻的说法，无疑是它所要清除的族群，欧洲南部人、犹太人、非洲和拉丁美洲人均在此列之中。“现实中，印第安人、墨西哥人和黑人都符合这种类型的大概率，说明种族在精神特质上的差异值得重新得到关注，并且需要通过实验方法进行检验，”特曼写道，“这些种群的孩子应该隔离在特殊课堂上，给予他们具体和实用的教育指导。他们不可能成为大师，但可以成为高效的员工，能够养活自己。现在，还没有社会能够证明他们不应该繁殖，虽然从优生学的角度来说，他们不同寻常的高出生率已经成为一个严重的问题。”

这场运动曾经设法游说美国 30 个州通过《非自愿绝育法》（*Involuntary Sterilization Laws*），这意味着国家可以任意阉割低于某一智商标准的人，而不用在乎他们本人的意愿。这简直是对常识和人性的一种挑战。最终，每个州都废除了这项法律。这项法律的出台就是一种可怕的迹象，用标准化考试来判定人的智力及其对社会的贡献，是一件多么危险而狭隘的事情。

智商测试甚至可以成为一个生死攸关的问题。如果罪犯的智商低于70，那么犯了死罪也不会判死刑。但是，一般来说经历一代人之后，人们的智商就会上升多达25分，因此每过15到20年，测验就要重置一次，以保持100分的平均分。因此，犯死罪的人更像是一出生就被判了死刑，而不是最后才被判死刑。对于单个测验来说，实在是赋予了它太大的生杀之权。

人们也可以通过学习和练习提高他们的智商测试分数。最近我读到一个已经服刑10年的无期徒刑犯人的案例，他不是拿枪射击的人，但他参与了一场有人丧命的抢劫。在监禁期间，这个死刑犯人学习了一系列课程。当再次测试时，他的智商竟然提高了10分，突然间他就达到可以被判死刑的条件了。

当然，我们大多数人不会因为智商而被阉割或被注射死刑。看着这些极端案例，我们应该有一些重要的质问，这些数字到底意味着什么？它们到底表明了我们智力中的什么？答案是，这些数字很大程度上只是表明，一个人在某些类型的数学和语言测试中的表现。换句话说,它们只衡量了某些类型的智力，而不是整体的智力。如上所述，人类智力是在不断提升的，智力的基线也在不断变化。

我们对智商的迷思，是我们在学校迷恋，也很大程度依赖于标准化考试的必然结果。每个学年，教师都会花大量时间让学生准备全州测验，这些测验的成绩将决定一切，比如孩子下一年在班里的地位、学校能得到多少资金。这些测试当然不会考虑孩子或学校的特殊技能和具体需求，但它们总是会给学生扣上学习生涯中的大帽子。

在美国，目前对一个孩子的未来学习生涯影响最大的标准化考试，就是学术能力评估测试。有趣的是,学术能力评估测试的发明者卡尔·布里格姆(Carl

Brigham）也是一位优生学家。他为军队发明了这一测试，但5年之后，他与这一测验撇清了关系，同时还否认了优生学。然而，在这个时候，哈佛大学等常春藤盟校已经将学术能力评估测试作为衡量申请人的标准之一了。近70年来，美国大多数大学都在使用学术能力评估测试，或是类似的美国大学入学考试（American College Test）作为筛选过程中的一个重要部分，尽管有些大学对它的依赖程度已经有所降低。

学术能力评估测试在许多方面都表现出了标准化考试的弊端：它只能测验某些类型的智力。这种测试完全不人性化，它试图以一刀切的方式，营造出一种普遍认知，即形形色色的大学生都具备同一种潜质。它还使得低年级和高年级的高中生要花好几百个小时，去为进入大学做准备，而牺牲掉了真正的学习和其他兴趣。《普林斯顿评论》（*Princeton Review*）的创始人约翰·卡茨曼（John Katzman）对此提出了尖锐的批评："学术能力评估测试最坏的地方在于，它与孩子在高中学习的内容没有任何关系。因此，它创造了一种隐形课程，但它并没有实现教师的目标，也没有推动学生的成长……学术能力评估测试像万灵药一样被兜售着，它可以测量智力、验证高中绩点，以及预测大学成绩。事实上，它从未达到前两个目标，在第三个目标上也表现得不怎么样。"

但是，那些学术能力评估测试成绩不好，或在学术能力评估测试推理部分不具备突出优势的学生，会发现自己完全可以在大学生涯中获得成功，这一切都只是因为，我们已经习惯用一个数字来认定智力了。这种观念非常普遍，其影响已经不仅限于学术界。还记得我们前面讨论的钟形曲线吗？每当我问人们他们有多么聪明时，这条钟形曲线就会出现，因为我们对智力的定义实在是太狭隘了。我们以为自己知道智力水平有多高，但这个问题真正的答案是，问题本身就是错误的。

智力万花筒

这样的问题才是正确的。这两种问法之间的差异非常大。前面的那种问法表明，衡量智力的方法是非常有限的，人们可以把个体的智力值简化成某一种智力类型的图表；而后一种问题表明了一个我们未能意识到的事实：**智力应该有各种各样的表现方式，没有人能对其进行衡量比较。**

智力的本质一直是一个存在争议的问题，尤其在那些将毕生精力都花在研究这个问题上的专家们看来。他们无法在它的定义、适用人群和测量标准方面达成一致，正如现实中一样。美国几年前的一项调查显示，某些心理学家试图定义智力，他们选取了实验样本，选择并考察了 25 种特质，但只有 3 种特质被 25% 以上的受访者提到。正如一位评论员所说："如果在区分可食用蘑菇和有毒蘑菇的问题上，专家只能给出这种水平的答案，我们最好还是彻底回避咨询他们这个问题吧。"

对于仅仅基于智商值的智力定义，一直存在着批评的声音。近年来，这种批评的数量和力度都还在持续增加。还有一些其他的定义，如某些认为智力远不止智商测验的理论，也有希望得到测试与检验。

哈佛大学心理学家霍华德·加德纳[①]（Howard Gardner）的多元智能理论，而非单一智力理论获得了广泛好评。多元智能包括语言、音乐、数理、空间、动觉、人际（个人与他人的关系）和内省（对自我的认知和理解）等智能。加德纳认为，这些类型的智能在一定程度上相互独立，而且最为重要的是，有

① 霍华德·加德纳是当今世界最具影响力的心理学家，多元智能理论创始人，是推动美国教育改革的首席科学家，其著作《重塑真善美》《多元智能新视野》《智能的结构》《领导智慧》中文简体字版已由湛庐文化策划，分别由浙江人民出版社、中国人民大学出版社出版。——编者注

些智能是“显著的”，而另一些则可能处于“休眠”状态。加德纳说，我们都有不同的智力优势，教育应该对之平等对待，让所有儿童都有机会发展自己的个体能力。

罗伯特·斯滕伯格（Robert Sternberg）是美国塔夫茨大学的心理学教授，曾任美国心理学会（American Psychological Association，简称 APA）主席。长期以来，他都在批评传统智力测验和智商概念。他认为，人们拥有三种类型的智力：第一种是分析型智力，即使用学术技能解决问题的能力，也是完成传统智商测验所需的能力；第二种是创造型智力，能够处理新的情况，并提出新颖解决方案的能力；第三种是实践型智力，即能够处理日常生活中的问题和挑战的能力。

心理学家和畅销书作家丹尼尔·戈尔曼（Daniel Goleman）曾在他的书中提到过“情商”（emotional intelligence）和“社交商”（social intelligence），这两种智力对于我们的自我相处以及我们与外部世界的相处来说都至关重要。

《潜力无限》（*The Other 90%*）的作者罗伯特·库珀（Robert Cooper）说，我们不应该认为智力只发生在头骨内的大脑中。他讨论了“心”脑（“heart” brain）和“内脏”脑（“gut” brain）概念。他说，我们每一次的直接经验都不会直接进入大脑。它首先会激发我们的肠道和心脏的神经网络。库珀将肠道神经系统描述成第一位的，并将其命名为肠道内的“第二大脑”，与“头颅里的大脑相对独立也相互联系”。库珀说，这就是为什么我们经常对事件的第一反应是“直觉反应”。他认为，无论我们是否承认，肠道反应都在塑造我们所有的行为。

其他心理学家和智力测试人员却对这类想法表示了担心。他们认为，没有可量化的证据来证明多种智力的存在。或许确实是这样的，但日常经验已经清楚地证明：人类的智慧是多种多样、多种面向的。这一点，我们只需看看人类文化和成就的非凡丰富性和复杂性就可以了解。我们是否能以一种智力理论来囊括和说明这些成就，是留给理论家们的一个问题。

与此同时，无处不在的证据表明了人类能力的一种基本事实：我们通过各种方式获得经验，用这些方式来“思考”经验。很明显，我们都有着不同的优势和天赋。

我说过，我在数学方面无所擅长，甚至可以说是毫无天赋，但亚历克西斯·勒迈尔（Alexis Lemaire）不是。勒迈尔是法国一位专攻人工智能的年轻博士生。2007 年，他打破了心算 200 位随机数开 13 次方根的世界纪录，72.4 秒。像我一样，你可能还没搞清楚这是怎么个算法，我来解释一下。勒迈尔坐在笔记本电脑前，屏幕上随机生成一个 200 位的数字，它的长度超过 17 行。简直是个天文数字！

勒迈尔的任务是心算这个 200 位数的 13 次方根，即一个乘以本身 13 次后得到屏幕上那个 200 位数的数字。他先是盯着屏幕，没有说话，然后就喊出了正确答案：2 397 207 667 966 701，而这竟然是他在 72.4 秒内心算出来的！

勒迈尔在纽约科技馆完成了这一壮举，他挑战 13 次方根的计算历时多年，之前的最好成绩是 77 秒。之后，他告诉媒体：“第一个数字很容易，最后一个数字也容易，但中间的数字是很难的。我是用自己大脑的‘人工智能系统’代替了电脑。我相信大多数人都能做到，但我的思考速度很快。我的大脑有时运转非常快……我采用了一种方法来提升自己的技能，就像一台电脑那样。就像在我的大脑里运行某种程序来控制它。”

“有时候，”勒迈尔说，“当我做乘法让大脑工作过快时还需要吃药。我认为，没有一个飞速运转的大脑的人也可以做这样的乘法，但这对我来说可能会更容易些，因为我的大脑运转得更快。”勒迈尔经常练习数学，所以他的计算更快，他经常运动锻炼，不沾咖啡因或酒精，避免高糖和高脂肪的食物。他的数学练习强度太高，所以必须定期休假，以使大脑得到休息，否则就很危险。勒迈尔认为，过多的数学练习可能会危害他的健康和心脏。

我也觉得太多的数学学习危害了我的健康和心脏，但这显然出于与勒迈尔截然不同的原因。令人惊讶的是，和我一样，勒迈尔在学校读书的时候数学成绩并没有特别好，我们的相似之处仅限于此。他不是班级里数学成绩最好的人，他学习的主要方法是通过书籍进行自学。

勒迈尔确实对数字有着天生的敏感，他是在 11 岁的时候才发现了这一点，他通过不断挑战自己，重新发现并培育出了这种天赋，并且以非常复杂的技术不断磨炼它。然而，所有这些成就的基础主要在于一点，即个人能力与绝对热情和投入的结合。当通过不懈努力发掘自己的天赋时，亚历克西斯·勒迈尔就已经在他的天赋之中了。

人类智力至少有三个主要特点。第一，它是非常多样性的，显然不局限于语言和数学推理能力。这些能力固然重要，但也只是智力的一种表现方式。戈登·帕克斯（Gordon Parks）是一位传奇的摄影师，他以一种前人未曾尝试过的方式捕捉着美国黑人的经历。他是好莱坞的第一位黑人制片人、导演和主演。他协助创立了《精华》（*Essence*）杂志，并担任了 3 年的主任编辑。他是一位天才诗人、小说家和传记作家，还是能用自己的音乐符号形式创作作品的天才作曲家，但他从未接受过这些方面的专业训练。

事实上，戈登·帕克斯差点没上成高中。他的母亲在他 15 岁时去世了，之后不久他就流落街头，几乎没法按时毕业。而且，他得到的教育是非常负面的，帕克斯经常提到一个老师告诉她的学生们，他们读大学完全是浪费，因为他们命中注定只能做搬运工或清洁工。

不过，戈登·帕克斯以几乎无人匹敌的方式运用着他的智慧。他自学了钢琴，并在 20 岁之前以此谋生。几年后，他从当铺买回一台相机自学拍照，通过观察、强烈的求知欲、超强的感受力，以及对他人生活的体悟来学习电影和写作。

“我只是不断往前走，”他在一次史密森学会（Smithsonian Institution）的采访中说，“当我开始学习摄影的时候，我就有一种不可抵挡的精神勇气。我意识到，我喜欢它，我为了它愿意付出一切。当时，我的妻子和岳母都反对我，就像所有的岳母一样。我花掉了一大笔钱，决定给自己买一台相机。这就是发生的一切。我对此有着巨大的兴趣，我只是坚持着，努力入门，然后寻求鼓励。”

“对我来说，生活就像一场纷繁交错的梦，”帕克斯在美国公共广播公司的一次采访中说，“发生在我身上的事情就像一场梦一样，难以置信，错综复杂。但我所知道的就是要不断努力，绝不能失败。”

帕克斯对美国文化的贡献是巨大的：他的摄影风格往往振聋发聩，也通常被称为“美国哥特式”（American Gothic）风格。他在一次拍摄中让一位拿着拖把和扫帚的黑人妇女与美国国旗对抗；而他导演的著名电影作品《黑街神探》（*Shaft*，1971 年），让好莱坞见识到了黑人动作巨星；此外，他还创作了一些非传统的散文作品以及独特的音乐作品。

我不知道戈登·帕克斯有没有参加过标准的学术能力评估测试或大学入学考试。鉴于没有接受过传统教育，他很有可能根本无法获得上述任何一种成就。但有趣的是，虽然帕克斯未能上完高中，他却累计获得了 40 个荣誉博士学位，他还将其中一个博士学位赠与了在高中时曾对他嗤之以鼻的老师。然而，无论从哪个角度来定义，戈登·帕克斯都是非常聪明的，他具有一种人类罕见的不可思议的能力：学习和掌握各种复杂、微妙的艺术形式。

我猜戈登·帕克斯也觉得自己很聪明，但如果他和我在研究走访中见过的其他人一样的话，就可能会因为缺乏正规教育而自我贬低，无论他在这么多方面有着多么非比寻常的天赋。

戈登·帕克斯、米克·弗里特伍德和巴特·康纳的故事表明：智力完全可以通过非数字和非文字的方式展现出来。我们是根据自己的体验来思考世界的，其中包括我们所有的感官。我们以声音思考，以运动思考，以视觉思考。当然，我们还有许多感官有待开发。在英国皇家芭蕾舞团工作了很长一段时间后我发现，舞蹈是一种表达想法的强大方式，我还看到舞者可以运用多种形式的智力，比如动觉、节奏、音乐、数学等。假如数学和语文是智力存在的唯一形式，那么芭蕾舞就永远不会出现，世界上也不会有抽象绘画、嘻哈音乐、设计、建筑和超市的自助收银机。

智力的多样性是天赋的一个基本原则。如果你不接受人们可以以多种方式思考世界的事实，也就很难成为自己想要成为的人。

巴克明敏特·富勒（R. Buckminster Fuller）正是一个能说明个体完美多样性的案例。他因为穹顶建筑（geodesic dome）的设计和他的“地球号”太空船（Spaceship Earth）而声名大噪。当然，他最大的成就是在工程领域，但同时他也是一个才华横溢、别具一格的作家，一位挑战了一代人信仰的哲学家，一位早在环保运动发迹之前就热心环保的先驱，一位富有挑战精神和培养意识的大学教授。富勒是他们家四代人中第一个没从哈佛大学毕业的人，他所做的这一切都并非基于正规教育，而是以他全方位的智力在体验这个世界。富勒加入过海军，开办过建筑公司，在纺织厂担任过技师，还在一个肉类加工厂打过工。他对各种类型智力的运用都没有什么限制，样样得心应手。

智力的第二个特点是，它完全是动态的。人类的大脑是高度互依的，你执行每一个任务都会运用到多个部分。**事实上，在大脑的动态运用过程中会爆发真正的突破，这也是一个发现事物之间新型联系的过程。**

例如，爱因斯坦就极大地运用了动态智力，他在科学和数学方面的能力都堪称传奇。然而，爱因斯坦一直在学习所有的表达形式，相信自己可以以多种方式运用锻炼思维的东西。例如，他采访诗人是因为他想要了解更多关于直觉和想象力的作用。

写作爱因斯坦传记的作者沃尔特·艾萨克森（Walter Isaacson）说："从爱因斯坦年轻的时候开始，他就从不死记硬背。作为一个理论家，爱因斯坦的成功并非来自他在认知方面的强大蛮力，而是依靠着他的想象力和创造力。他可以构建复杂的方程式，但更重要的是，他知道数学是用来描述自然奇迹的语言。"

在工作中遇到挑战产生困惑时，爱因斯坦常常会用小提琴来帮自己解惑。爱因斯坦的一个朋友告诉艾萨克森："他常常在深夜的厨房里拉小提琴，在思考复杂问题时即兴创作旋律。他也会兴奋地在某一时刻突然大喊：'我懂了！'，仿佛问题的答案就在音乐之中。"

爱因斯坦知道知识增长和创造力包含着智力的动态特性。通过类比，通过观察事物之间的相互联系，而不是只看到它们之间的不同，才能让智力增长。当然，这本书中的许多故事都表明，很多时候，一旦我们能看到事件、想法和条件之间的新型联系时，事情就会突然变得清晰起来。

智力的第三个特点是，它是完全独特的。每个人的智力都像指纹一样独特。可能存在 7 种、10 种或者 100 种不同形式的智力，但我们每个人运用这些智力的方式却千差万别。我的能力包含着主导智力和其他智力的不同组合，你也有你的组合。大街上的每个人也都有自己截然不同的能力组合方式。哪怕是一对双胞胎，他们运用能力的方式也是不同的，就像位于世界两端的陌生人一样。

这又回到了我们之前提到的问题：你有多聪明？了解智力的多样性、动态性和独特性，能使你从新的角度来回答这个问题，这就是天赋的核心元素之一。当你可以探索自身智力的含义时，你就能重新审视自己的智力。没有人的智力是一个线性得分，即使是得分相同的两个人也不可能会做到同样的事情、拥有同样的兴趣、达到同样的程度。**发现天赋就是让你能够体验到全方位的世界，并发现自己真正的优势所在，不把一切视为理所当然。**

创造力就是要建立新的连接，这样我们就可以从不同角度，以新的方式看待事物。无论日常思维存在什么样的性别差异，创造力始终是一个动态的过程，需要在同一时间里运用不同的思维方式。

THE ELEMENT

03 用创造力激发生命的奇迹

How Finding Your Passion Changes Everything

THE ELEMENT 在被子上作画的艺术家

费思·林戈尔德（Faith Ringgold）是一位著名的艺术家，她最富盛名的作品是在被子上作的画。她的作品已经在世界各地的知名博物馆进行展览，而且已被古根海姆博物馆、大都会博物馆、现代艺术博物馆永久收藏。她还是一个获奖作家，她的第一本书《焦油海滩》（*Tar Beach*）获得了凯迪克大奖。此外，她还创作并录制了歌曲。

费思的生活充满了创造力。不过有趣的是，她是在因病离开学校期间才发现自我的。她两岁时患上了哮喘，因此入学比较晚。在采访中她告诉我，她觉得因为哮喘离开学校对她的发展产生了积极影响，“我并不喜欢每天被教化，你知道吗？我不想像很多孩子那样，经历严格的社会控制，被塑造成固定的样子。但学校的意义或者它必须承担的意义正在于此吧。当有很多人在同一个空间里时，你就必须以某种方式让他们统一行动并发挥作用。我只是从来没有习惯这种系统化。我没上过幼儿园、一年级，直到二年级时才去上学，但我每年都会缺两到三个星期的课吧。可我从没后悔缺了那些课”。

费思的母亲努力让她不会因为缺课而落下脚步。在没有待在学校学习的日子里，她们探索了20世纪30年代存在于哈莱姆区周围广阔的艺术世界。

“我的母亲带我见识了那个时代所有伟大的艺术。杜克·艾灵顿（Duke Ellington）、比利·荷莉戴（Billie Holliday）、比利·埃克斯坦（Billy Eckstine），这些老歌手和乐队指挥都太棒了。我认为这些人都具有极高的创造性。这些艺术形式就长在他们的身体里。我和这些人是邻居，你知道吗？有时候我在路上就能遇到他们。我深受他们的艺术形式的启发，而他们愿意将自己的艺术奉献于公众和观众的精神也激励了我。这让我更深入地了解到艺术家的交流方式。

“我从来没有像其他孩子一样被强迫。我穿得跟他们不一样，看起来也跟他们不同。在我的家庭里，大家也不期待我变成其他孩子那样。所以，我做些其他人认为有点奇怪的事也实属正常。我的母亲是一个时装设计师。她自身就是一个艺术家，尽管她从不这样自诩。她帮助了我很多，但她并不确定艺术是不是可以作为终身投入和奋斗的事业。”

当费思终于开始上学时，她发现了自己在艺术课上感受到的鼓励和兴奋。“我们的小学一直都有艺术课。这是一种很棒的体验。非常棒！我清楚地记得，我的老师看到我的作品非常兴奋，而我还在想，为什么他们认为我的作品很好？但我从来没有问过。到了初中，老师和我们一起做了一个项目，他想让我们试试不用眼睛去看，而是通过用心感受来画花。我心想：‘天呐！我希望她不要看到我的画，这真的太难看了。’但是老师将把我的画作举了起来，并且说道：‘你们看看这个，太棒了！’”

“现在我知道老师为什么喜欢我的作品了。因为它是自由的，当我看到孩子们画画的时候，我也会喜欢这样的作品。它是一种表达，非常美妙，是孩子们的一种魔力。孩子对于艺术不会觉得多么诡异，他们有着不同的理解和接受方式，他们理解它并喜爱它。他们走进博物馆东瞧瞧西看看，并不会感受到什么威胁。但是成年人会有这样的感觉，他们总觉得自己有可能漏掉了什么消息，总觉得要和这些艺术作品发生些联系，总想着品头论足。

孩子们却是在接受艺术，因为某种程度上，他们就是天生的艺术家。直到他们对自己分门别类做出划分之前，他们都是天生的艺术家。也许，孩子脱离艺术家的身份是因为我们开始对他们贴标签了。我在试着不去那样做，但世界仍然会对孩子进行分类，你知道，这种评判孩子的方式就仿佛他们不是一个人，而是一棵树。当孩子小的时候，他们还没有注意到这些，一切在他们面前都是新鲜的。‘这是妈妈，这是爸爸，我们回家，然后砍树等。’孩子会给你讲整个故事，他们接受了这一切，并真心认为一切都很美好。我也是这样。他们在这些方面尚未被压抑。

“我认为，孩子们在音乐方面也有着同样的与生俱来的能力。他们的声音就像清脆的铃铛。我曾经去一个学校跟每个年级的学生做过 40 分钟的交谈，从幼儿园一直到六年级。我做的这个艺术对话包括读一本书，然后我给他们讲课。我会给他们讲一些我的幻灯片，然后教他们唱我的歌《每个人都可以飞翔》(*Anyone Can Fly*)。”无论他们是在读学前班、幼儿园、一年级、二年级、三年级还是四年级，他们都张口就能跟着唱。但到了五年级就变麻烦了。孩子们的声音不再像铃铛了，开始对自己感到羞愧，其中会唱的有些人也不唱了。”

幸运的是，费思从来没有被这样压抑和限制过。她从小就一直在探索自己的创造力，并努力将这种火花保持到了成年时期。

“从我 1948 年开始在大学学习艺术的那一刻起，我就知道自己要成为一名艺术家。我不知道我会从事哪一种艺术，一切将如何发生，以及如何才能达到这样的目标，但我知道那是我要做的事情。我的梦想是成为一名艺术家，这是值得一生努力的图景，也是一种生活方式。你生命中的每一天都可以创造美好的事物，所以每一天都同样美好，你会发现一些新的东西，因为不管你在创作什么，绘画或是建筑，你会一直寻求新的方法。”

给你的创造力评级

之前我提到，我喜欢问观众他们觉得自己有多聪明。我通常还会问这些人如何评价自己的创造力。与智力一样，我使用了 1~10 的等级评价方法，10 级是最高等级。和智力测试的结果一样，大多数人都认为自己位于中间水平。1 000 个人里大约只有不到 20 个人会给自己的创造力打最高分，认为自己位于 9 分或者 8 分水平的稍多。在测试分数的另一个极端，只有少数人认为自己会得 1 分或 2 分。我认为人们在这些评估中的看法基本都是错的，就像他们对自己智力的评估一样。

但这个问题真正的意义，在我问多少人会给自己的智力和创造力打不同分数的时候，就浮现出来了。通常情况下，会有 2/3~3/4 的观众会举手。这是为什么呢？我认为这是因为大多数人觉得智力和创造力是完全不同的东西，他们可能觉得自己很聪明，但没什么创造力，也可能有很强的创造力，智力却不怎么样。

对我来说，这说明了一个非常基础的问题。我的很多工作都表明：智力和创造力是相辅相成的。我坚信，如果不能明智地采取行动，是不可能有创造力的。同样，**智力的最高形式就是创造性思维。在发现天赋时，理解创造力的**

本质必不可少，而且要清晰地理解创造力与智力的关系。

根据我的经验，大多数人对智力的理解都比较狭隘，他们总是认为智力集中体现在学术能力方面。这就是为什么有那么多在其他方面非常出色的人，人们却认为他们不聪明。对于创造力，人们也存在同样的迷思。

第一个迷思就是：只有特别的人才有创造力。但事实并非如此。每个人天生都具有强大的创造力，关键在于如何开发这些能力。创造力就像学习识字，我们总是理所当然地认为，每个人都可以学会读和写。如果一个人不能读或写，你不会认为是这个人没有能力做到，只是他没有机会学习如何去做。创造力也是如此。人们说自己没有创造力，往往是因为他们不知道何为创造力，以及创造力是如何起作用的。

第二个迷思在于，只有特殊的活动才需要创造力。就像"创造性领域"，比如艺术、设计、广告等，它们通常涉及高水平的创造力。其实诸如科学、数学、工程、运营公司、体育运动、处理关系等类型的工作也需要创造力。事实上，只要是需要运用智力的事物都需要创造力。

第三个迷思是，人们要么具有创造力，要么根本没有。这种迷思认为创造力和智商一样，是一种固定的特征，就像眼睛的颜色，你是无法影响和改变它的。事实上，你完全有可能在工作和生活中变得更有创造性。关键的第一步是，你要理解创造力和智力之间的紧密关系。这是发现自身天赋最关键的一步，它需要我们追根溯源，重新理解人类智力的本质，也就是人类独特的想象能力。

正如我们在上一章中讨论到的，人们往往低估了自己的感官和智力。对于想象力，我们也犯了同样的错误。事实上，我们总是想当然地理解感官，对想象力的偏见也是根深蒂固。当有人告诉我们，他们拥有“过于活跃的想象力”，或者他们相信“可以想象一切”，我们甚至会嗤之以鼻。人们因为自己的“脚踏实地”、“务实”和“不苟言笑”而感到自豪，并且嘲笑那些“异想天开”的人。然而，相比于其他的任何能力，想象力是人类有别于地球上其他物种最为重要的因素。想象力支撑着人类每一次获得的巨大成就。想象力使我们从洞穴走入城市，从制造骨制工具到创建高尔夫俱乐部，从食用腐肉到烹制菜肴，从相信迷信到学习科学。想象和现实之间的关系是复杂和深藏奥义的。而且，这种关系在发现天赋的过程中扮演着非常重要的角色。

如果你专注于自己所处的实际物理环境，我敢肯定，你会假设实际环境和你的感知之间存在着完美契合的可能。这就是为什么我们可以在交通繁忙的路段开车，去商店找到我们需要的商品，并能与对的那个人同床共眠。我们知道，在某些情况下，如因为疾病、精神错乱或滥用药物的假设不成立，我们也可以促进和达成。

我们也知道，人们可以经常超脱出自己的直接感官环境，召唤出一些其他空间或其他时代的精神图景。如果我问你，你在学校里最好的朋友，你最喜欢的食物，或者你最讨厌的人是谁，即使他们都不在你面前，你也可以回答。这个“以心而观”的过程就是想象力的基础。所以，我最初对想象力的定义是，“让心灵感受无法看见的事物的能力”。

对此，你可能会觉得：“咦，什么东西。”这个反应很正常，它有助于将事情推向一个临界点。也许相比于任何其他能力，我们对想象力的理解是最为顽固的。这很不幸，因为想象力对于我们的生活至关重要。通过想象，我们可以回到过去、思考现在并预测未来。我们还可以做些其他具有深刻而独特意义的事情。我们可以创造。

通过想象，我们不仅可以思考自身的经历，也可以经历那些从未经历过的事情。我们可以猜测、假设、推理等。总之，我们可以想象！只要我们可以从现在开始释放自己的头脑，在某种意义上我们就是自由的。我们可以重温过去，可以自由地重新构建过去，自由地期待充满一切可能性的未来。想象力是一切的基础，这是人类的独特性所在。它也是语言、艺术、科学、哲学和人类广博文化的基础。我可以用一个宇宙比例的例子说明想象力的力量。

生命的目的是什么

生命的目的是什么？这是另一个好问题。这一问题不会对其他物种产生困扰，但是人类对此却忧虑得很。英国哲学家罗素非常简短而智慧地回答了这个问题，他提到的三点值得我们一再回味："一块渺小而并不纯粹的碳水化合物，无能地在一个渺小而不知名的星球上爬行，这就是天文学家所谓的'人'吗？还是说他是哈姆雷特？抑或两者都是？"

对于这种男性化的语言我们必须原谅。这也是罗素很久以前写的，他那时还不知道以后的人可能对此不满。不过罗素提到的三点抓住了西方哲学的核心问题。生活本质上就是偶然的、无意义的吗？还是如莎士比亚戏剧里伟大的悲剧英雄所认为的那样，是深沉而神秘的？我们一会儿再来讨论哈姆雷特。首先，让我们看看第一点，我们居住在一个渺小的、不重要的星球上。

近些年来，哈勃望远镜将无数令人眼花缭乱的星系画面传送回地球白矮星、黑洞、星云和脉冲星等。我们曾经看过有关太空旅行的纪录片，无论是真实的还是科幻的，一切都以无法想象的数十亿光年和无尽的距离来计算。现在，我们大多数人都明白了这一点：宇宙是巨大的，而我们居住的地球，其实是相对渺小的。但是，到底有多小呢？很难说清楚，因为和其他一切事物一样，行星的大小也是相对的。考虑到地球和其他天体之间的巨大距离，很难有比较的依据。很幸运，我找到了一组很好的图片来帮助我们了解地球的相对大小。有人想到了一个好点子：从赤道往外的视角看，将地球和宇宙其他行星并排摆在一起。用这种方法，我们能直观感受到大小差异，结果简直令人惊叹！以下是第一张图片（见图 3-1）。

图 3-1 地球与其他星体对比图

这是地球与我们的一些近邻摆在一起的画面。地球看起来相当威风，特别是和火星和水星相比。我们也不用担心会被火星人入侵：放马过来吧！另外，冥王星已经不再是一颗行星了，我们为什么还可以在这张照片里看到它。你的第一印象是什么？像不像一颗小小的鹅卵石？

现在让我们将视线拉远一点，是不是突然间似乎就变得没那么自信了？

这是地球和太阳系里一些大家伙们在一起的样子（见图 3-2）。与天王星和海王星相比，当然还有土星和木星，地球看起来就不那么突出了。冥王星在这里一定会觉得尴尬。不过，不管如何，它至少还是可见的。

图 3-2　地球与其他星体对比图

但我们知道还会有更多的问题。比如，我们知道地球与太阳相比确实很小的，但到底有多小呢？如图 3-3 所示。

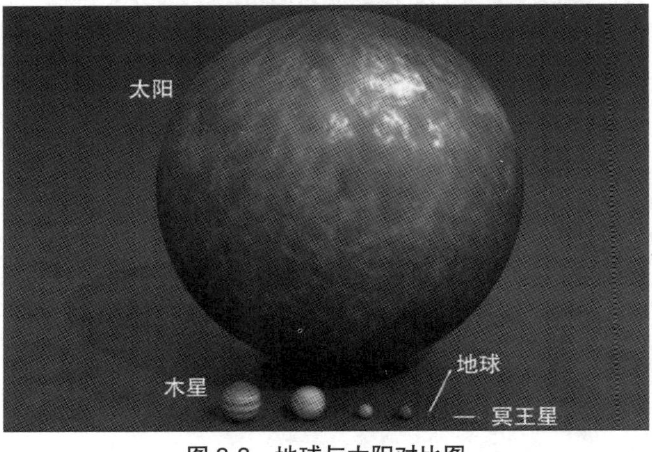

图 3-3　地球与太阳对比图

从这张图来看，地球只有葡萄籽大小，冥王星简直可以忽略不计了，而太阳看起来就是个宇宙巨人。

如果我们再将焦点拉远一点，画面又发生了显著的变化，即使是太阳的崇拜者此刻也不得不面对现实了（见图 3-4）。

图 3-4　太阳与其他星体对比图

地球在这张图中消失了，太阳也变成了鹰嘴豆大小。即便如此，我们仍然可以将地球与那些相对较小和相对较近的星体进行比较。

我们继续将视线拉远一点，以大角星为参照，来看一看猎户座的参宿四和心宿二（见图 3-5）。从这个角度来看，太阳变成了一粒沙子，大角星则如金橘大小。另外，心宿二的亮度在星空中排名第 15。它离我们的距离超过 1 000 光年。在天文学家们看来，他们会说“只有”1 000 光年远。但我们知道，一光年就是一束光传播一年可以达到的距离。多远啊！所以，1 000 光年有多远可想而知，尤其对于冥王星来说。但是，如果就银河系而言，确实也没有多远。我们可以与哈勃望远镜传来的图片进行比较。

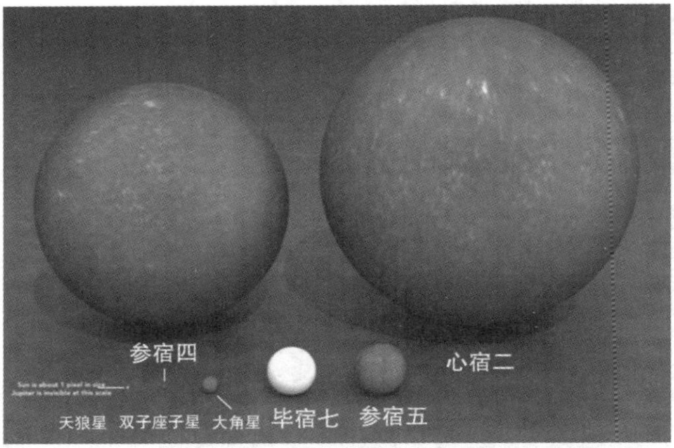

图 3-5　参宿四与心宿二对比图

下图是一张麦哲伦星云的照片，它是离银河系最近的星系之一，也是最近的参照物。科学家估计麦哲伦星云的大小约有 170 000 光年。在这样的规模下，地球基本可以忽略不计了，简直小得可怜，甚至无法被察觉。

图 3-6　麦哲伦星云

但是，我们从中还是可以发现一些令人鼓舞的事情，比如更宽广的视野。我的意思是，不管你今天早上醒来担心什么事情，只管去摆平它！真的，如果放在更大的世界里，这点事情算得了什么？保持平静，继续前进。

第二点：乍一看，这些图像的确表明，罗素提的第一个问题的答案可能是肯定的，我们确实居住在一个非常渺小的星球上。但这并非故事的全部，我们可能微不足道，但在地球乃至我们所知的其他地方的所有物种中，人类是独一无二的，拥有难以想象的成就。正如我们可以想象自己的渺小。

想象一下，如果是有人伪造了这些图片。那我运用想象力描绘出这样的图景并将它们发表，你也可以理解它们。事实上，身为人类物种，我们创造了罗素所提到的哈姆雷特、莫扎特的C大调、蓝色清真寺、西斯廷教堂、文艺复兴、拉斯维加斯、丝绸之路、叶芝的诗歌、契诃夫的戏剧、蓝调、摇滚、嘻哈、相对论、量子力学、工业化、《辛普森一家》、数字技术、哈勃望远镜，以及整个人类的成就和愿景，简直是一个令人眼花缭乱的宝库。

我并不是说地球上其他物种都没有任何形式的想象力。但肯定没有一个物种像人类这样，达到如此复杂精妙的程度。其他物种虽然也可以交流，但它们不可能发明笔记本电脑；它们会“唱歌”，但不会排练音乐剧；它们身手敏捷，却无法创立太阳马戏团（Cirque du Soleil）；它们会忧虑，但不会发表有关生命意义的理论，也不会在夜里喝着杰克丹尼尔威士忌、听着迈尔斯·戴维斯买醉；而且，它们也不会研究哈勃望远镜拍摄的图像，并试图发现这些图像对自身和其他物种的意义。

是什么导致了地球这个微小星球上人类和其他物种在思考和行动上的巨大差异？我一般都会回答是想象力。但事实上，这关系着更加复杂的人类大脑的进化，以及高度动态的工作方式。**智力的动态性解释了人类思维的非凡创造力，而创造力能让我们重新思考生活和周遭的环境，以及发现自己的天赋。**

把想象力提升为创造力

想象力和创造力不是一回事。创造力会将想象力提升到另一个水平。我对创造力的定义是，“产生有价值的原创想法的过程”。想象力完全是内生性的，你可以整天沉浸在想象中，他人却没有丝毫觉察。但是，你永远不会说一个从未做出任何新鲜东西的人富有创意。有创意的人必须得做出些什么，可能是由想象力变成的一些新作品，提出新问题的解决方案，甚至只是提出新问题。

你可以运用想象力来理解创造力，也可以在任何需要运用智力的方面富有创造性，它可以是音乐、舞蹈、戏剧、数学、科学、商业或人际关系。因为人类智力的多样化，所以 我们可以在很多方面富有创意、出类拔萃。下面，我将举两个截然不同的例子。

1988 年，披头士乐队的成员乔治·哈里森发行了他的独奏专辑。这张专辑中收录了哈里森和他的唱片公司觉得可能会大受欢迎的一首歌《这就是爱》（*This is Love*）。在网络下载还未流行的时代，艺术家们常见的做法是发行专辑的时候附带 b 带[①]，作为专辑的赠品送给消费者。但是问题在于，哈里森没有一张专辑可以作为 b 带。与此同时，鲍勃·迪伦、罗伊·奥比森（Roy Orbison）、汤姆·佩蒂（Tom Petty）和杰夫·林恩（Jeff Lynne）都在洛杉矶跟他一起工作。当哈里森对于自己唱片里的歌有所构想的时候，他意识到林恩已经与奥比森展开了合作。哈里森很快就去问迪伦和佩蒂愿不愿意参与这首歌的合唱，他们在

① b 带是指里面不包括新专辑歌曲的版本。

压力最小的休闲场合里录制作为 b 带的唱片。于是这 5 位音乐大师共同创作了《小心轻放》（*Handle With Care*）这首歌，最终成为哈里森在后披头士时代最令人难忘的歌曲。

几天后，哈里森向华纳兄弟唱片公司的董事长莫·奥斯廷（Mo Ostin），负责发掘、训练歌手和艺人的部门负责人伦尼·沃任克（Lenny Waronker）播放这首歌时，他们惊呆了。这两位觉得这么棒的歌曲只是作为 b 带发行太浪费了，而且，这种合作发行的方法如此简单精妙，完全值得更好、更大的平台。奥斯廷和沃任克问哈里森，创作《小心轻放》的团队能不能发行一张完整的专辑。哈里森觉得这个想法很有趣，于是告诉了他的朋友们。

但一些后续的事情还需要解决。迪伦即将进行为期两周的长途旅行，这让所有人都变成了热锅上的蚂蚁。最终，他们决定在迪伦离开之前，无论如何挤出时间来完成专辑录制。在一个朋友的工作室里，他们录完了整个专辑的曲目。他们没有几个月的时间来进一步完善作曲、准备备用歌曲，或者担心吉他的部分。相反，他们选择了依靠更加本真的东西，由五人独特的声音组合在一起产生的灵感与创新。

他们合作完成了所有的歌曲。每个人都贡献了自己的声音做和声、弹吉他和编曲。他们互相启发、激励对方，最重要的是，他们一起度过了一段美好的时光。这一段经历的结果，是制作出了一张“随意”而又无疑创造了经典的唱片。和这张专辑轻松的创作过程相匹配的是，这 5 位音乐大师也决定淡化自己的明星范儿，将他们的临时乐队称为“漂泊合唱团”（Traveling Wilburys）。这张专辑陆陆续续卖出了 500 万张，并从中产生了多首热门单曲，其中就包括《小心轻放》，滚石杂志将其列入了“100 张最佳专辑”之一。

我认为这是创造性合作的绝佳典范。另外还有一个看似截然不同的案例。

在20世纪60年代早期，某一位康奈尔大学的学生在大学餐厅将盘子扔向了空中。我们不知道在那之后那个学生和盘子之间究竟发生了什么事：学生可能笑着抓住了盘子，或者盘子摔碎在了地板上。无论如何，这件事并没有什么大不了，整个事情的重点是，有个非常不一般的人碰巧看到了这一幕。

美国物理学家理查德·费曼（Richard Feynman），是20世纪一位无可争议的天才。他因为在量子电动力学和纳米技术领域的开创性工作而成名。同时，他也是同时代最为有趣多彩、备受尊敬的科学家，他是一位画家、一位爱搞笑的人，也是一个充满激情的爵士音乐家，尤其热爱演奏手鼓。1965年，理查德·费曼获得了诺贝尔物理学奖。他说，这在一定程度上是由于他在康奈尔大学看到了被扔的盘子。

> 那天下午，我正在吃午饭，某个调皮的孩子在食堂扔盘子，盘子上有一个蓝色的狮子印章，这是康奈尔大学的标志。这团蓝色的东西翻转着，在我看来，它的翻转速度要比盘子的翻转速度更快，于是我就在想这两种速度之间的关系是什么。我当时正在休息，并没有什么很重要的事情在身，所以就开始计算物体旋转运动的方程，最终我发现，如果盘子很小的话，蓝色印章的翻转速度是盘子翻转速度的两倍。

费曼在餐巾纸上记下了他的想法，吃完饭后他就去了学校。一段时间后，他又看到了餐巾纸，于是就又继续思考原先在上面草拟的想法。

> 我开始琢磨那一次的扔盘子，这也让我开始思考一个类似的问

题，即狄拉克方程中电子的旋转，以及反思量子电动力学这个我一直在研究的问题。我现在对这一领域的研究乐趣还和当初一样，它就像把软木塞从酒瓶中拔出来，“砰”的一下灵感就开始不断涌现。在非常短的时间内，我的研究成果就使我赢得了诺贝尔奖。

除了它们都在旋转，唱片和电子还有什么共同之处可以帮助我们理解创造力的本质呢？凑巧的是，还真不少。

创造力的助推器

创造力是最能表明智力的动态性的例子，它可以解释我们思维和存在的各个领域。

在这里，我要进行一个粗略的区分。我前面说过，很多人认为他们没有创造力，因为他们不知道创造力是什么。从以下角度来看确实如此。首先，有一些通用技能和创造性思维技巧几乎可以适用于任何情况，每个人都可以学习。这些技术有助于产生新的想法，区分出有价值的洞见，清除创新思维的阻碍，尤其是在团队之中。我认为这些是一般创造力的技能，我也将在讨论教育的一章中进一步讨论它。而我在本章讨论的是个人的创造力，它在某些方面与前者有很大的不同。

费思·林戈尔德、“漂泊合唱团”和理查德·费曼，以及这本书中的许多其他人，他们富有创造力的表现形式是多种多样的。他们在不同的领域工作，拥有自己的激情和能力，并发现了自己从事这些事业的天赋和热情。他们就处于自己的天赋之中，这使得他们拥有了创造力。理解创造力的作用机制，对此是有帮助的。

创造力是超越想象的下一步，因为它需要你确实做些什么，而不是躺着思考这个问题。做出一些原创的东西是一个非常实际的过程，可能是一首歌、一个理论、一条裙子、一个短故事、一艘船或一种新的意大利面酱。但是无论是什么，肯定会有些共同特质。

首先，它是一个过程。有时候，新想法出现的时候就很完整，不需要进一步完善。但是，创作过程通常都始于一个模糊的概念，就像费曼看到被扔飞的盘子，或者乔治·哈里森对一首歌的最初想法，它们都需要进一步完善。这一过程可以有许多不同的阶段，并拥有意想不到的结果：也可以利用不同的技能和知识，最终的成就也可能始料未及。理查德·费曼最终获得诺贝尔物理学奖，并非是因为他在午餐的餐巾纸上涂涂画画。

创造力存在几个不同的阶段，蕴含着曲折和反复。第一阶段是产生新的想法，想象不同的可能性，考虑替代选项。这可能包括用一些工具记下笔记，做一些速写，草草记下一些想法，或者在空间中移动物体或自我移动。创造的过程也包括通过判断什么想法最可行，或感觉最对头，来完善最初的想法。生成和评估想法的过程都是必要的，无论是写一首歌、画一幅画、提出一种数学理论、拍摄一个影片、写一本书，或者设计一件衣服。这些过程发生的顺序不可预测，也会相互影响。例如，在一次创造性的尝试中，可能会有大量想法在一开始的评估中就被毙掉了。但总的来说,创造性工作是在生成想法和筛选、提炼中达成的一种微妙的平衡。

因为创造是要创造某种新事物，所以创造性的工作总是需要使用某种形式的媒介来实现。媒介可以是任何东西。“漂泊合唱团”用的是声音和吉他；理查德·费曼用的是数学；费思·林戈尔德的媒介是描绘和编织，有时则是单词和音乐。

创造性的工作也经常需要运用人们的各种天赋，创造出新的东西。雷德利·斯科特（Ridley Scott）爵士是一位获奖无数的导演，他导演了《角斗士》《银翼杀手》《异性》《末路狂花》等杰出大片。他的电影风格与其他电影导演截然不同，这种风格源自他作为一位艺术家的训练。在一次采访中他对我说：

> 因为我炉火纯青的艺术背景，关于制作电影，我有非常具体的想法。别人一直跟我说，我在这方面直觉敏锐。我从来没有想过它是什么，但我确实经常被人提到，我的作品很漂亮或太好看了，等等。我逐渐认识到，这是一个优势。
>
> 我的第一部电影《决斗的人》（*The Duellists*），被批评说过于美丽。有一位评论家抱怨我“滥用滤镜”。事实上，我没有使用滤镜，所谓的“滤镜”完全是因为下了59天淅淅沥沥的雨。我认为，他所吐槽的地方正是我对法国风景的感受。拿破仑时期最好的摄影师就是风景画家。所以，在这部电影的拍摄过程中，我是看着拿破仑时期的俄罗斯画家走上前线，踏上了灾难性的俄罗斯之旅。坦白来说，19世纪的很多伟大作品都只是记录事实，我从中汲取并应用到了这部电影之中。

从事创造性工作的人通常有一个共同点：他们都热爱自己所运用的媒介。音乐家热爱他们的声音，作家热爱文字，舞者热爱运动，数学家热爱数字，企业家热爱交易，伟大的教师热爱教学。这就是为什么那些从根本上热爱自己职业的人，并不认为自己做的是普通意义上的工作。他们这样做是因为他们想做，因为当他们做这些事情的时候，已在自己的天赋之中。

这就是为什么费曼谈论研究运动方程“只是为了好玩”，也是为什么他谈到“琢磨”这些想法时“轻松如初”。“漂泊合唱团”制作出了他们最好的作品，只是因为他们想尝试做音乐，并能和朋友一起共度创作的美好时光。有趣并不是创意不可或缺的因素，很多创意先锋们都是不苟言笑的。但当我们轻松思考和欢笑的时候，我们会乐于接受新思想。在所有的创造性工作中都会遇到挫折、问题甚至是死角。我认识一些非常有创意的人，即使他们也会在过程中遇到困难，遭遇非常恼火的情境，但他们总会体验到一种隽永的快乐，从“尝试成功”中获得一种深层次的满足。

在这本书中，我谈到的很多人都庆幸找到了自己喜欢的事情。对他们中的有些人来说，他们对自己的天赋是一见钟情的。这就是为什么他们将意识到自己的天赋称为“顿悟”。**找到可以激发想象力、让你热爱工作，并乐在其中的媒介，是释放创造性能量的重要一步。**历史上有许多人一开始也并没有发现自己真正的创造力，直到他们发现了自己思维的最佳媒介。根据我的经验，造成这种现象的主要原因之一，是很多人认为自己没有创造力，事实上他们只是还没找到属于自己的媒介。

当然，我们后续还会谈到其他原因，包括运气。首先，还是让我们来仔细看看，我们运用的媒介为什么对创造性工作来说如此重要。不同的媒介能以不同的方式帮助我们思考。我的一个好朋友，设计师尼克·伊根（Nick Egan）最近送给我和我的妻子特里两幅他专程为我们作的画。我在一些公开演讲中讲到的几个观点让尼克非常动容。第一点，“如果你不准备犯错，你永远不会有任何创新”；第二点，“伟大的教育取决于伟大的教学”。我认为这些都是真理，所以我总是到处宣扬。尼克也在思考这些问题，并思考这些是如何应用在他自己的生活与成长，以及作为一个艺术家在伦敦的工作中的。最后，他决定为此创作一些画作，他几乎全身心投入工作了几个星期。

尼克为我们作的每幅画就像这些观点的视觉即兴创作。这些画作几乎满是原始能量，其中有一幅画以黑色为主色调，有一半的画布上都是潦草和涂刮的单词，就像涂鸦作品。另一幅画的大部分都是白色背景，以滴墨的方式、孩子气的笔迹写下了一些单词。还有一幅画上有一张卡通式的脸，风格介于原始壁画和孩子作画之间。

乍看上去，这些画潦草而混乱。但仔细观察的话，你会发现画布中有许多不同的层次，每一层都有不同的画，这种叠加让这些画变得颇有深意。尼克也在每幅画中加入了复杂的色彩、纹理和笔触，让它们看起来更加充满活力。画中所有的复杂性反而带来了简洁和能量。

尼克是一位视觉设计师和艺术家。他在视觉艺术上富有天资和激情，对线条、颜色、形状、纹理，以及它们如何形成新创意十分敏感;他会通过油漆、粉笔、蜡笔、版画、胶片、数码成像，和很多其他的视觉媒体和材料来实现他的想法；他在任何一个项目中使用的材料都会影响他的想法，以及他使用这些材料的方式。在这里，你可以将创造力想象成我们想要创造的东西和我们使用的媒体之间的“对话”。尼克最终送给我们的画作和它们一开始的样子截然不同。在他的努力中，这些画作不断完善，表达的内容也随着画作的完成而清晰呈现。

各种媒介中的创造力能淋漓尽致地阐释智力和思维方式的多样性。理查德·费曼有着强大的视觉想象力，但他没有试图画出电子，而是提出了一种有关电子如何运动的科学理论。要做到这点，他还必须运用数学。他思考的对象是电子，但必须运用数学的思考方式。没有数学，他根本不可能做到这一点。“漂泊合唱团”思考的是爱与关系、生命与死亡，以及一些颇有永恒意味的东西，但是他们没想写一本心理学教科书，而是通过音乐思考这些事情。他们创作音乐，音乐就是他们的表达方式。

了解媒介的角色对我们的创造性工作之所以非常重要，还有另一个原因。为了开发创新能力，我们也需要完善使用这些媒介的实际技能，重要的是我们要以正确的方式开发这些技能。我知道很多人在生活中已经停止了数学学习，因为他们从来没有看到它的创造性潜质。正如你们看到的，我也是这些人中的一员。对我来说，老师呈现的数学全是别人可能已经知道了答案，而我还是一头雾水的冗长谜题，我唯一的选择就是做对或者做错。而在理查德·费曼眼中，数学绝对不是这样的。

同样，我知道许多人小时候在钢琴或吉他上练习音阶花费了很长时间，但他们现在却再也不想见到乐器，因为整个过程一直在重复，非常无聊。许多人认定自己不擅长数学或音乐，或许只是因为他们的老师的教学方式是错误的，或者是在错误的时间。也许他们应该重新思考这件事，也许我应该……

发挥你的创造力

创造性思维涉及的内容不仅包括逻辑思维、线性思维能力，虽然这些内容主导着西方世界的智力观，尤其是教育观。大脑额叶主要参与一些更加高阶的思维能力，左脑是逻辑和分析思维主要激活的脑区，但创造性思维通常激活的脑区远远不止额叶和左脑。

创造力就是要建立新的连接，这样就我们可以从不同角度，以新的方式看待事物。在逻辑思维、线性思维中，我们会根据一系列的规则和约定，从一个想法转到另一个想法。我们也会拒绝一些观点，因为它们是不合逻辑的。如果知道 A + B = C，那么我们就可以算出 C + B 等于多少。传统的智商考试通常测试的就是这种类型的思维。逻辑或规则的线性思维并不总能引导创造性思维，甚至会南辕北辙。创造性的见解常常并不是线性的，而是看到了事物之间以前未曾注意到的连接和相似之处。创造性思维在很大程度上取决于发散性思维或横向思维，尤其是隐喻或类比思维，这也是理查德·费曼在看到扔飞的盘子和电子旋转之间的关联后做的事情。乔治·哈里森《小心轻放》这首歌的灵感就来自他看到的一个箱子的包装标签。

我并不是说创造力与逻辑思维是截然对立的。逻辑规则自身蕴含着允许创造和即兴发挥的巨大余地。遵守规则的一切活动皆是如此。我们来想一想下棋中的创造力，以及不同类型的运动、诗歌、舞蹈和音乐中的创造力，这些领域都有着非常严格的规则和惯例。根据我们从事的工作，逻辑在创作过程的不同阶段都是非常重要的，特别是当我们评估新的想法，以及这些想法如何适应或挑战现有的理论时。即便如此，创造性思维还是在我们身心的所有方面都超越了线性思维和逻辑思维。

现在人们普遍认为，大脑左右两个部分有着不同的功能。左脑负责逻辑、推理，与口头语言、数学思考等相关；右脑则参与识别模式、面孔，涉及视觉感知、空间定位和运动。然而事实是，大脑的各个区域无法在互相隔离的情况下运作。如果观察工作中的大脑图像，我们就会发现它是高度交互的，就像我们身体的其余部分，这些功能都是相关的。

腿部在跑步中起着主要作用，但如果仅凭一条腿跑步就太可怜了。同样，当我们玩耍或听音乐时，大脑的很多部分都会被激活，从最晚进化的大脑皮层到稍微古老一点的所谓“爬虫脑”（reptilian parts of brain）。这些一定会与我们身体的其余部分协同工作，包括大脑的其他区域。当然，在大脑的不同功能和天赋上，我们每个人都有自己的优势和缺点。但是，就像我们的胳膊和腿部的肌肉一样，这些能力的强弱也取决于我们如何使用和锻炼它们。

最近有一些研究表明：女性大脑的互动性比男性更强。虽然目前尚无定论，但是这些研究让我想起了西方哲学中一个古老的问题，哲学教授们也经常以此为题让大学新生展开辩论：关于我们的感官和关于世界的知识之间的联系。这个问题的本质在于，如果人类的感官不能直接感知到，我们是否能知道什么是真实的存在。

一个常见的例子是：如果一棵树倒在一片森林里，没有人听到它，你认为它发出声音了吗？我曾经教过一些哲学课程，学生和我在长达几周的时间里都在认真地讨论这类事情。我认为，这个问题的答案是：“当然是这样，别犯蠢了。”但我要上完一学期呢，所以真的不用这么着急推进讨论。而最近一次去旧金山又让我回想起了这些讨论。我走在街市上，看到有人穿着一件T恤，上面写着：“如果一个男人在森林里说出了他的想法，却没有女人听见，请问他错了吗？”很有可能！

无论日常思维存在什么样的性别差异，创造力始终是一个动态的过程，需要在同一时间里运用不同的思维方式。舞蹈是一种物理运动过程，音乐是一种以声音为基础的艺术形式，但在许多舞蹈家和音乐家的表演中，数学也已经成为不可或缺的一部分。相反，科学家和数学家们则经常以视觉方式进行思考并验证他们的想法。

我们的大脑不仅会发挥创造力，像弹奏乐器、创造图像、制造物体、表演跳舞，或者制造各种东西之类的剧烈的物理运动，需要依靠感觉、直觉、手指、眼睛、身体和心灵的熟练协调。在许多现实情况中，如舞蹈、歌曲、表演等都不需要借助外部媒介，我们自己就是创造力的媒介。

创造性工作也会深入我们的直觉和无意识，以及我们的心灵和感情。你有没有忘记过某人的名字，或你去过的某个地方的名字？通常我们都记不起那些名字，越仔细回想就越想不起来。在这个时候，最好的办法是停止回忆，“把它放回你的大脑中”。一段时间后，这些名字反而可能会在最不经意的时候浮现在你的脑海中。原因在于，除了有意识的思考过程，我们的大脑接收的信息和处理方式远远不止如此。

即便在嘈杂的任务环境中，大脑都深度存储着记忆、关系、情感和认知，这些对生活经验的记录要远远超出我们的预料。所以有的时候，创造力是一种有意识的努力。而在另一些时候，我们则需要让自己的想法发酵一段时间，交给更深层次的潜意识，即我们很难控制的那一部分。如果我们这样做了，有时候那些我们一直在寻找的东西就会突然闪现，像“砰”的一声打开了酒瓶的软木塞。

当你理解了单个个体在创造性思维中的动态特性，在观察诸如“漂泊合唱团”这样伟大的创作团体工作时，就会体会得更加明显。团队的成功不仅是因为成员之间的思维方式相近，而且因为他们都有着独特的个性。他们拥有不同的天赋、不同的兴趣、不同的声音，但他们开发出了一种合作，使得他们之间的不同之处能激发出彼此单独无法完成的创作。在这个意义上，创造力不仅来自我们自己的个人资源，也源自广阔世界中的他人的思想和价值，这也是提高创造力的加速器。

人类的创造力随处显而易见：我们使用的技术，居住的房子，穿的衣服，看的电影等。但是，创造力所触及的还要更加深刻。它不仅影响我们对世界的贡献，而且影响我们对世界的运用，不仅包括我们创造的东西，而且包括我们对它们的思考和感觉。

据我们所知，人类与其他物种不同。我们不只是存活在世界上，还会花费大量的时间讨论和思考身边发生的事情，并试图理解这一切意味着什么。我们可以这样做，是因为想象力的惊人力量，它能巩固我们在文字、数字、图像和图形方面的思维能力，并运用所有这些提出理论、创造作品，以及组成人类生活观念的所有复杂想法和价值观。我们不仅看到了真实的世界，还会通过塑造我们的文化和个人前途的具体理念和信念对它进行阐释。这些理念和信念介于我们和我们的原始世界经验之间，就像我们感知和思考的过滤器。

我们对自己和世界的认识让我们成为自己，并让我们成为可以成为的人。可喜的是，我们可以尝试不同的想法。如果我们要建立自己的世界观，也可以重新考量我们所处的情况，从不同的视角来重建。16 世纪时，哈姆雷特将丹麦比喻为一座监狱。而在 17 世纪时，理查德·洛夫莱斯（Richard Lovelace）为他的情人阿尔泰娅（Althea）写了一首诗，其中有着与哈姆莱特截然相反的观点。洛夫莱斯说："只要想到阿尔泰娅，即便身处真正的监狱，也像是身处一个自由的地方。”下面就是这首诗的结尾。

石头砌不成监狱

铁条也编不成牢笼

对清白、质朴的心而言

这里只是隐士的居所

当我在爱情中享有自由

当我在心灵中了无牵挂

只有天使

才能享受这种幸福

19 世纪，威廉·詹姆斯（William James）成为现代心理学的奠基思想家之一。在那个时候，“思想和思维方式可能禁锢或解放我们”的观点，已经得到了越来越多的认同。詹姆斯说：“我们这一代人最伟大的发现是，人类可以通过改变他们的态度来改变他们的生活……如果你改变了思想，你就可以改变生活。”

这是创造力的真正力量，也是身处天赋中的真正意义。

要让每个人都享受他们的天赋，我们就需要承认：地球上每个人的智力都是独一无二的，每个人都有进入忘我的沉浸状态的独特方式，也有发现自身天赋的独特方法。

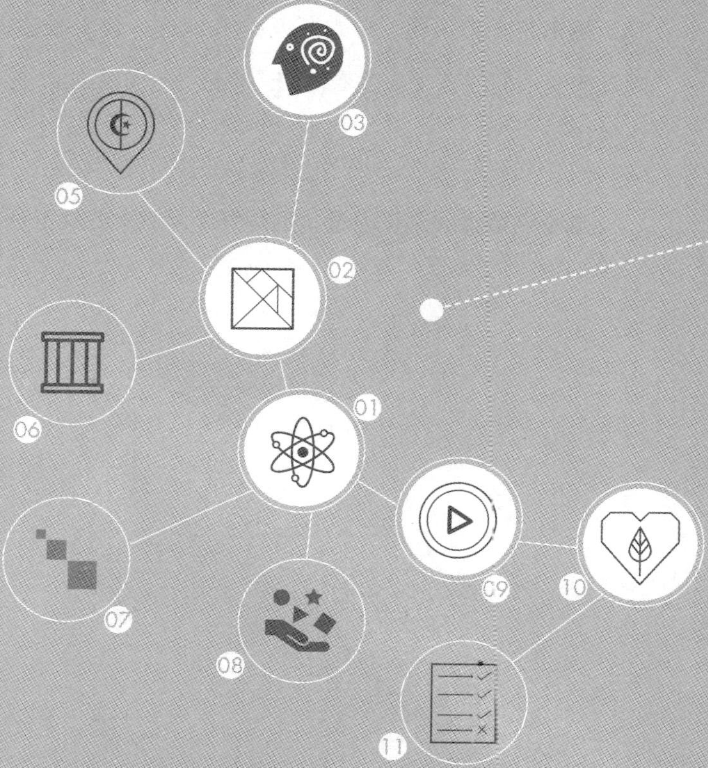

THE ELEMENT

04 置身于忘我之境

How Finding Your Passion Changes Everything

THE ELEMENT 战无不胜的台球选手

艾娃·劳伦斯(Ewa Laurance)是世界上最著名的台球运动员,被誉为“台球天后”。她在很长一段时间内占据着世界第一的位置，获得过欧洲和美国锦标赛冠军，曾经出现在《纽约时报》杂志的封面，并被收录在《人物》《体育画报》《福布斯》和许多出版刊物中，更是电视节目的常客，并且担任娱乐与体育节目电视网①(Entertainment and Sports Programming Network，简称 ESPN) 评论员。

艾娃在瑞典长大，因为跟着她的哥哥开始了接触台球这种游戏。“我和我最好的朋友尼娜总是在闲逛，就像平常的亲密好友那样。在我 14 岁的某一天，我们两个跟着哥哥和他的朋友去玩保龄球。在那里待了一会儿后，我们觉得很无聊，就跟着他们去了一个叫作台球室的地方。而在那之前，我从未听说过台球。我至今仍然记得自己一走进那间台球室的反应。我太喜欢这一切了：昏暗的房间里，每张桌子上都有一盏灯，不时有球撞击着发出声响。我立马就被迷住了。

① 一间 24 小时专门播放体育节目的美国有线电视联播网。

“那里就是一个完整的小型社会，每个人都了解关于台球的一切，这让我瞬间就着迷了。但我们俩既害怕又好奇，只好坐在那里看着一切。当你坐着看别人打球的时候，或是你去打球的时候，会感觉其他一切都消失了。在台球室，这一切很容易发生，因为每个桌台都像一个舞台。我也一样，我觉得周围的一切都消失了，台球就是我眼中唯一的焦点，我全心全意观察着那些清楚地知道自己在做什么的球手。我意识到，台球绝不只有撞球，我期待着其他的事情发生。有一个家伙在打球，一个接一个地进球，60分、70分、80分，一路得分。过了好大一会我才意识到，他在不断移动白色球以击中下一颗球。不知何故，每一颗球都进洞了。他们的技能让我叹为观止，台球的布局原来如此重要，必须要在开打的三四步之前布局，从而一杆到底、一气呵成。”

从那一刻的顿悟开始，艾娃就知道自己想把台球作为她的生活。幸运的是，她的父母都很支持她，允许她每天花6~10个小时泡在当地的台球室里，以及在台球撞击声中完成她的家庭作业。“那里的人都知道我对台球是认真的，所以他们都会让我一个人专心练球。但我们也在那里一起度过了愉快的时光。如果你找到一个地方，那里的人都和你有共同的兴趣，它就会变得很有趣。尽管我们性格迥异，但因为大家都喜欢台球，所以我们在一起就变得像一家人一样。”

1980年，16岁的艾娃获得了瑞典冠军。17岁那年，她赢得了第一个欧洲女子冠军，这也让她受邀前往纽约代表欧洲冠军参加世界比赛。“我整个夏天都在练习。台球室都是下午5点才开门，所以我会在早上坐公共汽车到城市另一边的台球室老板的家里去拿钥匙，然后再坐公共汽车回来，一个人进去打球。整个夏天里，我每天都会打10~12个小时。然后我去参加了在纽约举行的比赛。然而，我没有赢得比赛，只获得了第七名的成绩。我对自己没有表现得更好很失望，但转念又想：‘哇，这是世界第七耶！’”

尽管艾娃的父母不愿意她离家这么远，但艾娃还是决定留在纽约继续追求她的梦想，因为她知道，只有在美国才有机会跟世界的顶尖球手过招。除了分数方面的成绩，她也成了女台球选手的代表。她的天赋、激情，以及惊人的美貌都使她成了明星，也让她喜爱的这项运动变得更受欢迎。

名声和经济上的收益让艾娃成了顶级球手。但对她来说，最大的快乐仍然来自台球本身。

“你根本意识不到你周围发生了什么，这是一种非常奇妙的感觉。就像你置身于一条隧道之中，但你看不到其他的任何东西，只能看到眼前的事情。时间在流逝，有人问你这样做了多久，你可能觉得是 20 分钟，但实际上已经过了 9 个小时。尽管我也喜欢很多其他的事情，但之前从未遇到这样让我投入的事情，之后也没有。打台球时候的感觉对我来说是独一无二的。

“台球最美妙的地方之一就是，无论你想学什么，它都会提供永无止境的机会。每一次的布局都是不同的，所以我总是觉得很有趣。我喜欢其中包含的物理和几何，我要学习和理解各种角度，知道在多远的距离下可以改变母球的角度，将球推到预期的地方。同时，也会学到其中的限制和可能性。能够控制母球向前移动两寸半而不是三寸是一种非常奇妙的感觉。所以，我并不是在和天赋作斗争，而是想办法与它和平共处。

“读书的时候，我对几何和物理并不感兴趣，也不擅长，但在玩台球的时候却理解了很多。我顶着桌子就真的能看到线条和图形。我可以看到：‘第一颗球会在这里，第二颗球在那儿，第三颗球会往下走到这里，然后我会在第四颗球连击两颗球，然后六号球到了这里，没问题，七、八、九都已经入袋了，我搞定了。’我能看到每一步之间的联系。如果打一个球稍微有点失误，我的脑海中就会瞬间涌现出一幅全新的关联图。你必须解决问题，因为你没有到达你要到达的目标。你失误了 15 厘米，就必须重新调整整个节奏。

“在学校的时候，我对几何没什么兴趣。如果换个老师也可能会截然不同，也有人说：‘艾娃，你要这么想’，或者，‘这样来看，你已经掌握了它的精髓’。或者他们可以带全班同学到台球室，告诉大家：‘你们看看这个！’但是，在学校学习台球太无聊了。你知道吗？我在课堂上常常没精打采，都睁不开眼睛。但是现在，当我给别人上课的时候，我总是关注于他们的手眼协调能力，看他们是只对这种运动感兴趣，还是对它其中的几何和物理感兴趣，又或者是对其中的数学思维感兴趣。”

艾娃专业打台球近30年，但她从这项运动中获得的能量仍然丝毫未减。“这么多年后，即使是现在表演，我还是会感到紧张。人们会说：‘你不是已经打过很多次球了吗。’但那有什么关系呢？每一刻对我来说都是独一无二的！”

How Finding Your Passion
Changes Everything

我们可以说，打台球让艾娃达到了忘我的境界，让她看到了自己的天赋！

忘我的境界

处于忘我的状态，就是位于天赋的核心。做我们喜欢的事所涉及的各种活动，对天赋来说都是必不可少的，但它们并非天赋的本质，比如学习、组织、安排或者做准备活动等。即便是我们在做自己喜欢的事情时，也会体验到挫折和失望，有时候它们总是不成功或者总是一盘散沙。但如果它成功了，就将融入到我们的天赋体验中，从而变得专注而有目标。我们都活在当下，会在体验中迷失，也会有巅峰时刻的精彩表现。**我们的呼吸起伏，我们的思想也将与身**

体融为一体，进而感觉自己可以轻松进入到天赋的内核之中。

阿伦·索尔金（Aaron Sorkin）是一位编剧，他写过两部百老汇戏剧：《好人寥寥》（*A Few Good Men*）和《法恩斯沃斯的发明》（*The Farnsworth Invention*），三部电视剧：《体育之夜》（*Sports Night*）、《白宫风云》（*The West Wing*）和《日落大道60演播室》（*Studio 60 on the Sunset Strip*），以及五部名声斐然的电影：《义海雄风》（*A Few Good Men*）、《体热边缘》（*Malice*）、《美国总统》（*The American President*）、《查理·威尔森的战争》（*Charlie Wilson's War*）以及《芝加哥七君子审判》（*Trial of the Chicago 7*）。他被提名过13次艾美奖，8次金球奖，以及奥斯卡最佳影片奖项。

> 我从来没有打算成为一名作家，一直自视为演员。我在大学获得的是表演学位。我在高中的时候就对表演抱有热情，当年我还坐火车到纽约在剧场外面等着，趁着中场休息有空位的时候溜进去。而写作的乐趣并非我之前以为的那样，它是一个苦差事。我曾经为学院的演出写过一个剧本纲要，我的老师杰勒德·摩西（Gerard Moses）对我说："你知道吗，如果你愿意的话，你可以以此为生。"当时我并不明白他的意思。以什么为生？我想了想就走了。
>
> 在我离开学校几个月后，我的一个朋友出城把他祖父给他留下的一台古董打字机放在我那里寄存。当时我租住在一个朋友位于纽约上东区的小公寓地板上，拥有一份儿童剧院的工作，写了一部肥皂剧，还在参加各种试镜。
>
> 那是一个周五的夜晚，我所有的朋友都出城了，好像除了我自己所有人都被邀请去参加聚会了。而碰巧家里的电视也坏了，我能做的就是摆弄那台古董打字机和纸张。我在桌子前坐下，从晚上9

点写到了第二天中午。然后，我爱上了这一切。

那时我意识到，我那些年上的表演课、坐火车去剧院的经历，根本与表演无关，而是关于戏剧本身。我简直是一个自大的演员，但是直到那天晚上，写作才真正进入到了我的意识中。

我写的第一部剧是一个叫作《隐藏在画中》(*Hidden in This Picture*)的独幕剧，它被接受了，同时也接受了评审。接着我一个做律师的妹妹告诉我，在关塔那摩湾海军陆战队中有多名海军被指控杀害了某一名海军。我对这个故事很感兴趣，于是在接下来的一年半里又写出了舞台剧《好人寥寥》。

在百老汇的时候，我依然还记得跟摩西老师的谈话。我打电话问他："这是你说过的我要做的事情吗？"

我问阿伦他写作时是什么感觉。"顺利的时候，"他说，"我觉得自己完全沉浸在这个过程中。而当进展不佳的时候，我会拼命地寻找灵感，就像在黑夜打开手电筒般拼命地寻找它。我不知道其他作家如何，但我自己基本上有一个开关。当我觉得我写的东西好的时候，我的生活中一切就都变得美好了，而不好的事情也是完全可以搞定的。而如果写作不顺利，哪怕美国小姐穿着泳衣站在我面前或者要给我一个诺贝尔奖，我也不会开心。"

做你喜欢做的事情并不能保证你每次都可以进入忘我的状态。有时心情不对、时机不对，就无法达到文思泉涌的状态。一些人会有自己个性化的仪式才能进入忘我的状态，但这些方法并非总是奏效。我问阿伦他有没有什么技巧。他回答说没有，但他也希望有什么技巧。不过，他知道应该在什么时候停止努力。

当进展非常不顺时，我就会把它放在一边，明天或者隔天再试。

我会放着音乐，开着我的车到处游荡。我试图找到一些不需要费神驾驶就能到达的地方，比如一条高速公路，因为这样就不必等红灯、转弯，或者做其他任何事情。

“而我决不会做的，是看别人的电影、电视节目或阅读他们的剧本，因为我会担心它们非常优秀，从而让自己感觉更糟；或者说这样会让我倾向于模仿他们的作品。”然而最棒的地方在于：写作的过程中，阿伦会全情投入。“写作对我来说是一个体力活。所有的过程我都非常投入，起床、坐在桌子前以及踱来踱去。事实上，进展顺利的时候，我会觉得自己虽然坐在电脑前，心思却已经在房间外面打转了。换句话说，我不是在写作，而是在让思维流淌。接下来，我必须回到我写的文字上，并确保我打出的字是自己刚刚想到的东西。”

在你的生活的所有可能性之中，你可能已经经历过了阿伦·索尔金写作时的那种“迷失”的经验。当你开始做一些你喜欢的事情，就会感到好像世界上其他的东西都消失不见了。虽然已经几个小时过去了，但你感觉就像才过了几分钟。在这段时间里，你一直处于忘我的状态。那些已经身处自己天赋之中的人，也常常会进入这样的状态。但这并不是说他们做自己喜欢的事情总是一帆风顺的，而是在做这些事情的时候，他们通常都会充满积极性，而且他们知道自己还会继续做下去。

不同的人会以不同的方式进入忘我的境界。对某些人来说，他们要通过激烈的体育活动，通过消耗体力的运动，或者通过竞争，或是体验到一种危险的感觉；而对另一些人来说，他们可能会通过不太需要身体活动的方式，比如写作、绘画、数学，或者其他模式的沉思冥想。就像我之前说的，我们不仅仅拥有一种天赋，也不只有一条进入忘我境界的道路。尽管在生活中我们对此可能有着不同的经历，但身处那种神奇的境界也存在着一些共同的特征。

身处忘我境界的最明显迹象之一，就是自由和真实的感觉。当我们做自己喜欢、天生擅长的东西时，更容易感觉集中在真实的自我上，即关于自己到底是谁的体验。当身处天赋之中时，我们会觉得自己在做本应该做的事情，而我们也是自己该有的样子。

身处忘我境界之中时，不同的人对时间的感知非常不同。当你以这种方式同你内在的兴趣和自然能量相联结时，时间就会流动得更快、更流畅。对艾娃·劳伦斯来说，9 个小时就像是 20 分钟。而我们知道，当做自己感觉不到强烈联结的事情时，事实恰恰相反。相信你也有过这种体验，20 分钟就像 9 个小时一样漫长。在这些时候，我们显然没有处于忘我的境界之中，而可能是在分神。

对我来说，更快的时间流转通常出现在我和别人打交道的时候，特别是当我做演讲和报告的时候。当我在团队中进行深入地探索和思想交流时，时间就会流动得更快、更流畅。我可以待在一个有 10 人、20 人，或者上千人的房间里，这些对我来说都是一样的。在前 5~10 分钟内，我可以感觉到房间里的能量，并尝试控制现场的节奏。虽然这几分钟会感觉慢一些，但在进入那种联结状态时，我就像一台全部齿轮开始运转的机器一样。在融入现场的节奏和氛围之后，我就会感受到不同的能量在带着我们以不同的速度前进，进而感受到不同的时空。我认为听众也是一样。当这种情况发生时，我一般看表时就已经过去近一个小时了。

另一种进入这种忘我境界的共同特点在于：进入一种元状态（meta-state）。

在这种情况下想法会来得更快，就像你开了一个头，紧接着就能势如破竹地完成任务了。因为集中了所有的能量和努力，所以你获得了完成任务的利器。那时候，你就会体验到一种真正的思想在你体内流淌，在某种程度上来说，你变成了这些思想的渠道。你是它们的工具，而不是它们的障碍导致它们难以实现。摇滚乐名人堂的成员埃里克·克拉普顿描述这种感觉为“与时间和谐相处，感觉棒极了”！你还可以在各种各样的活动中看到和经历这种转变，如表演、舞蹈、音乐表演、运动等。你会看到其中的人们突然进入了一个不同的阶段。你能看到他们放松，看到他们松弛下来，成为自我表达的工具。

心流的体验

米哈里·希斯赞特米哈伊①（Mihaly Csikszentmihalyi）博士“数十年来都在研究人类体验的积极方面，如愉悦、创造力，以及全身心投入被我称之为‘心流’的状态”。在他的里程碑式作品《心流：最佳心理体验》（*Flow: The Psychology of Optimal Experience*）中，希斯赞特米哈伊博士描述了一种“意识和谐有序的心理状态，人们因为热爱而想要追求各种事物”。希斯赞特米哈伊博士称之为“心流”，以及许多人称之为“忘我境界”的是“当心理能量或注意力集中于现实目标，而且具备匹配的操作技能，对目标的追求会带来意识，因为一个人必须将全部精力集中在手头的任务上，暂时忘记所有的其他事情”。

希斯赞特米哈伊博士谈到了“愉悦的因素”，主要指构成积极体验的一个因素。引起愉悦的因素包括面临挑战，具备必需的技能，完全沉浸于活动之中，

① 米哈里·希斯赞特米哈伊是“心流”理论的提出者，积极心理学奠基人，创造力大师，其世界级畅销书《创造力》中文简体字版已由湛庐文化策划，浙江人民出版社出版。——编者注

明确的目标和反馈，专注于让人忘记一切的任务，自我意识的沉浸，时间在此之中“变形”的感受。他在《心流：最佳心理体验》这本书中说道：“积极体验的关键因素在于它本身就是目的。即便最初是因为其他原因，最终这些看似消耗我们的活动都会变成我们的内在激励。”

身处天赋之中，尤其是在忘我境界中是不会剥夺你的能量的，它是给你能量的。以前看政客们在选举中对战以期留任，我就在想他们将会如何继续。他们穿行于世界各地，承受着巨大的压力，每一次露面都要做出重大决定，在闪光灯的聚焦下长期过着不规律的生活。我想知道他们是如何做到如此精疲力尽却没有倒下的。事实是，他们确实喜欢如此，否则他们断然不会这样做，但仅仅是为他们加油打气都让我精疲力竭了。

我们热爱的事情能让我们充满能量，即便我们已经疲惫不堪。而我们不喜欢的事情可以在几分钟内将我们耗尽，即使当时身体健康、精力充沛。这是天赋中的一个关键因素，也是为什么人们需要找到天赋至关重要的一个原因。当人们在从事能让他们进入忘我境界的活动中时，会获得一种原始的能量源，也因此会更有活力。

当你处于这种状态的时候，可以感觉到被吸引到了一种能量场中，你获得的能量要比你消耗的要多。能量推动着我们生活的方方面面，这不是一个简单的体力问题,而是关乎我们的精神或心理能量。精神能量并不是固定存在的，它会随着我们对所做事情的热情和坚持而起伏，关键的区别在于我们的态度，以及与所从事活动之间的共振，就像一首歌里写的：“我可以整夜跳舞。”

身处天赋之中，你会体验到心流能让人更强大，因为它是一种能量的整

合与集中。这是一种能与自我认同紧密相连的方式，而且它来自一种奇妙的放松感，对你正在做的事情感觉非常自然。这是一种源自自我深处的意义感，它能连接到你的内部冲动或能量。

这些巅峰体验和生理变化相关的可能是大脑释放的内啡肽或体内的肾上腺素，也可能是 α 波活动的增强，以及我们的代谢率、呼吸和心跳的改变。这些生理变化的具体性质取决于把我们带入忘我境界的活动类型，以及我们为了保持状态而做的事情。

无论我们如何能够到达那种境界，忘我都是一种强大而具有变革力量的经验。它是如此强大，以至于可以让人上瘾，而这种上瘾在很多方面对你来说都是健康的。

当我们与自己的能量相通时，对于别人的能量也将更加开放。我们的感觉越鲜活，对他人的生命就会有更多的贡献。

嘻哈音乐诗人布莱克·艾斯（Black Ice）在很小的时候就得知，他的话能影响自己和他人的情绪。“我妈妈曾经鼓励我写出一切，”他告诉采访者，“当我遇到麻烦时，当我很高兴时，甚至当我害怕时，她都告诉我可以写出来。我不是一个让人省心的小孩。当我开始喜欢小女孩的时候，我曾经写信给我的朋友，我才不屑于写什么‘你喜欢我吗？噢，可能是吧，也可能不是’。我写信的口气像一个成年人。我去了一场诗歌会，想在那里遇到一个女人。那是一个‘开放麦克风’的夜晚，一只猫搞砸了现场，全场的人都在围着它献爱心。但作为一个积极寻求机会的人，我想试试自己平时在理发店里说的那些话能不能在这里产生什么效果，结果令我很惊讶。我能够完全释放自我，那里的人们也明白我在说什么。”

于是，布莱克·艾斯从那些早期的表演开始走向了越来越大的舞台。他连续五季出现在 HBO 谈话节目上，并且是获得“托尼奖”的《百老汇的美妙诗歌》(*Def Poetry on Broadway*)剧组中的重要成员，他还发行了自己的第一张正式唱片，并在伦敦“Live 8”音乐节上为百万人开唱。他的出现总是鼓舞人心、令人振奋，他总是在说家庭的重要性与青春的力量。为了支持他的这些论调，布莱克·艾斯成立了胡德关怀运动组织(Hoodwatch Movement Organization)，用于帮助城市里的孩子走入正常的人生轨道，同时发掘他们的潜在天赋。评论家们热烈称赞他的工作，观众们也对此反应积极。当你看到他在舞台上时，你就可以感觉到他那种忘我投入的状态。

不过，对于布莱克·艾斯来说，进入这种状态源自一种使命感。“我的生活充满意义，我必须写点东西去触动他人，”艾斯在另一个采访中说，“我需要保护一种精神遗产，需要将它发扬光大。我成长在伟人之间，我的父亲、我的叔叔、我的祖父都是我的英雄。正因为如此，有些事情我绝对不能说，我不能让我的父亲在收音机里听到我的蠢事。”

“我的声音就是上天给我的礼物，”布莱克·艾斯说，“但是，如果我什么都不说，它就毫无意义。如今，我可以在社会中观察到它有多么重要。我也有很沮丧的时候，但是我知道自己肯定还能做点什么。我们就是我们自己，我想要孩子们也这么想，让七八岁的孩子都知道这一点。我告诉他们：‘你一定会有所作为……没有什么需要妥协，没有什么假设或者可能，你一定会实现你的理想’。”

这是进入忘我状态的另一个秘密，当你充满了灵感，你的工作也可以鼓舞他人。当你处于忘我境界时，你是最自然的自己。当你处于那个状态，你可以在更高的水平上有所作为。

我们已经讨论过一个观点，后续还将再次回到这里：每个人的天赋都是不同的。这一点在探索忘我境界的概念时尤其重要。处于忘我境界就意味着，你在以最佳的方式运用自己的独特智力。这是艾娃·劳伦斯谈到台球和几何时感悟的东西，也是当莫妮卡·塞莱斯的身体智力和敏锐心理结合为一体时达到的状态，也是布莱克·艾斯凭借天生的观察能力和对节奏的敏感，进行语言组织时的状态。

成为你自己

当人们处于沉浸而忘我的状态中时，他们会非常自然地顺应最适合他们的思维方式。我相信这正是人们在此种状态中感受到时间变成另一种维度的原因。它来自游刃有余的能力，让你完全沉浸其中而没有“感觉”到一般意义上的时间。这种毫不费力与思考风格有着直接的关系，当人们使用对他们来说完全自然的思维方式时，一切都会变得更容易。

很显然，不同的人会以不同的方式思考同样的事情。几年前，我和我的女儿凯特的经历就是一个很好的例子。凯特认识世界的方式非常视觉化，她非常聪明、口齿伶俐、擅长阅读，但在听讲座时很快就会丧失兴趣。我们从英国搬到洛杉矶后不久，她的历史老师开始讲美国内战。凯特对美国历史的这个时期知之甚少，记不住老师讲的那些事件和日期。这种直接划重点的方法似乎对她不奏效。不过，由于即将到来的考试会考这个，因此她并不能忽略掉这个话题。

凯特有着非常突出的视觉型智力，我建议她可以创建一个思维导图。思维导图是由东尼·博赞（Tony Buzan）创立的一种思维模式，可以让人们以视觉元素的方式呈现一个概念或一些可视化的信息。思维导图中心的概念、线条、箭头和颜色都连接着其他概念。我认为凯特和其他擅长视觉思维的人一样，她对美国内战历史的学习将受益于这样的方法。

几天后，凯特和我出去吃午饭，我问她是否尝试过思维导图。事实证明，她对思维导图已经不仅仅是尝试而已了。通过这种方式，她已经在脑海中创建起了关于美国内战的一个强烈视觉表征，在接下来的 40 分钟里，她跟我讲述了这场战争的主要事件及后果。通过从这个运用了她主要思维方式的角度进行观察，凯特达到了通过划重点达不到的效果，她理解了这场战争。因为用了思维导图，所以她可以在自己的脑海中清晰地看到画面，就像她在现场拍照一样。

人们总是尝试对思维风格进行分类，甚至对人格类型也是如此，以便我们更有效地对人们进行理解和组织。但我们要记住的是，这种分类只是一种思考方式，无法替代事物本身。这种分类或许多少有些帮助，但这些人格类型的系统通常都意味着取巧，并不是很可靠，因为我们的个性常常并不是固定不变的，而是会在研究人员人为设置的不同类型中摇摆变动。

所有进行过“迈尔斯 - 布里格斯类型指标测试”（Myers-Briggs Type Indicator, MBTI，国际范围内最流行的职业性格测试）的人都了解其中的分类。迈尔斯 - 布里格斯类型指标是人力资源部门最喜欢的对人进行“分类”的测验，每年都有超过 250 万的人使用，许多世界 100 强企业也在使用它。它本质上是一个人格测验，只是比你在流行杂志里翻到的那些测验更复杂。在这个测验中，人们需要回答一系列问题，包括四个基本类别：动力能量、信息感知、决策方式和生活方式，人们的答案会表明他们是否属于其中一类或者多类，例如外向或内向。人们的答案会落在不同的类别之中，测验可以产生 16 种人格类型。也就是说，你和全球其他 70 亿人一起被这 16 种类型定性了。

这个测试本身存在几个问题。第一个问题是，不管测验的创始人是布里格斯女士，还是她的女儿迈尔斯女士，她们设计此测验的时候，都没有获得心理测试方面的资质。另一个问题是，在进行迈尔斯 - 布里格斯类型指标测验时，人们往往很难完全被归为某一类。他们只是稍微偏向其中一类或者另一类，如相比于内向稍微更偏向外向，而并非确定是这一种而非另一种。不过，最有说服力的是，许多人重复进行测试之后，会发现自己并非总是落在相同的类型上。根据一些研究，这种无法重复结果的情况至少有一半的概率。这表明，要么是大量的人已经有了严重的人格障碍，要么就是测试的“类型”并不是什么可靠指标。

我的观点是，人格类型可能不止 16 种。我的估计是，人格类型应该接近 70 亿种，而且因为人口持续增长，我可能需要在这本书的未来版本中修改这一数字。

另一个测验是“全脑优势思维模型”（Herrmann Brain Dominance Instrument，简称 HBDI），由美国内德·赫尔曼（Ned Herrmann）博士创立。我对这个测验感到更舒服一点，因为它是关于认知偏好的，我相信大多数人也会觉得它尚可接受。跟迈尔斯 - 布里格斯类型指标一样，全脑优势思维模型也是一种让参与者回答一系列问题的评估工具。不过，它并不试图对人们进行某一种类型的定性，而是试图展示人们使用频率更高的大脑象限。

A 象限是大脑左半球，与分析思维，如收集数据、理解事物运行规律等有关；B 象限是左半球边缘，与操作思维，例如组织和方向感有关；C 象限是右半球边缘，与社会性思维，例如表达思想和寻求个人意义有关；D 象限是大脑右半球，与未来思维，例如大局观念和隐喻思维有关。

全脑优势思维模型承认，每个人都能够使用这些思维风格，但它试图呈现出每个人的主导思维风格。这样做看起来可以让人们更有效率地工作、娱乐或从事其他事情，如果他们知道怎样完成这些任务的话。虽然我觉得对人进行分类这事儿不太靠谱，而且四种模式太少了，但它对我来说比迈尔斯 - 布里格斯类型指标更开放些。

判定存在一定数量的人格类型、一定数量的主导思维方式存在一定的风险，因为这样会变得封闭而非开放。**要让每个人都享受他们的天赋，我们就需要承认：地球上每个人的智力都是独一无二的，每个人都有进入忘我的沉浸状态的独特方式，也有发现自己天赋的独特方法。**

两岁时，陶哲轩（Terence Tao）[①]就自己阅读，看《芝麻街》，还试着用数字积木教别的孩子，学会了解两位数的数学方程。在 9 岁生日之前，陶哲轩在学术能力评估测试 -M[②]中的分数高达 99 分（百分制）。他 20 岁时就获得了博士学位，30 岁的时候赢得了被认为是数学领域的“诺贝尔奖”的“菲尔兹奖”和“麦克阿瑟天才奖”。

陶哲轩天赋极高，甚至被誉为“数学界的莫扎特”，他教授的数学概论堂

① 澳大利亚唯一荣获数学最高荣誉“菲尔兹奖”的澳籍华人数学教授，也是继丘成桐之后获此殊荣的第二位华人。

② 美国大学入学考试学术能力评估测试中用来考核数学的版本。

堂都是满座。他的学习成绩表明他完全可以在多个学科上获得成功，但真正召唤他的，也是他发现的天赋是数学，当他还是个孩子时，这一点就已经显现出来了。

“我记得我小时候就着迷于数学符号模型和谜题，”他在采访中说，“我觉得要对数学感兴趣，最重要的是有玩数学游戏的能力和自由，如给自己一点挑战，设计小游戏等。好的导师对我来说非常重要，因为这给了我一个讨论这些数学消遣的机会。对于学习理论和应用，正式的课堂环境当然是最好的，而想要欣赏整个数学学科，课堂未必是一个好地方。另外，有助于学习数学的是专注能力，甚至是要有点固执。如果我在课堂里只学到了一点皮毛，我一定不满足于此，直到我能把东西完全搞清楚。否则，那些无法完全互洽的解释会一直困扰着我。所以我经常花大量时间研究非常简单的事情，直到我能透彻地理解它们，而这也帮助我从一个点扩展到这个学科更高阶的方面。”

“我没有任何神奇的能力，”陶哲轩告诉另一位采访者，“我看一个问题，会觉得它像一个我已经解决的问题。我想也许这种思路之前奏效，同样也会在这里奏效。如果没有任何效果，我就会用另一个小技巧取得一点小进展，但往往仍然不是完全正确的方法。只要我发觉一个个问题很有趣，一段时间后，我就会找出问题所在。如果进行足够的验证，我就会有更深层次的理解。这不是聪明或者机敏，而是像攀岩：如果你很强壮，反应迅速，还有很多绳子固然好，但是你真正需要的是设计好路线，顺利到达顶端。运算快、知识渊博的人就像拥有力量、速度和好工具的攀岩者，但你仍然需要一个计划，这才是最困难的部分，而且你必须有更高远的眼界。”

陶哲轩可能经常发现自己处于忘我的状态。除了与生俱来的罕见能力，他也是非常幸运的，因为他在幼年就已经认识到了自己的天赋，发现了自己的才华和激情的融合所在，而且从未后悔过。

看到陶哲轩对数学的全身心投入和数学对他磁铁般的吸引力，我们所有人可能都有共鸣。我认为，他在那么小的年纪就发现了自己热爱的事情，可能在他还裹着尿布的时候就表现出了这样的天赋，这是非常重要的。先于世界给他的任何限制，陶博士就选择了自己的自然倾向。没有人会让陶哲轩停止学数学，即便他成为一名律师能赚更多的钱。只有这样，他和其他人才能顺利发现自己的天赋。

他们都提供了一种路径，我们所有人展示了一个关键问题的价值：如果仅仅从我们的天赋出发，而不必担心谋生或者别人对我的看法，我们最喜欢做什么？陶哲轩可能从未怀疑他要怎么做，做什么，也可能从未进行过迈尔斯-布里格斯类型指标测试和全脑优势思维模型测试，从而为他的职业提供一些指引。而我们其他人需要做的事情，就是在预测自己的未来，以及我们的孩子、同事甚至是社会的未来时，能像见到神童第一次显露天赋时那般单纯。

也就是说，你要真诚地望着孩子的眼睛，或者你关心的任何人的眼睛，要去了解他们真实的存在，而不是拿一个可能适合的模板套用在他们身上。心理学家对吉莉安做到了这一点，米克·弗里特伍德的父母和艾娃·劳伦斯的父母也做到了。如果只对自己负责，他们会选择什么？他们自愿参加什么类型的活动？他们表现出了什么样的能力？什么对他们最有吸引力？他们会问什么样的问题？提出什么样的观点？

我们需要理解是什么使他们和我们进入了忘我的境界。我们需要确定，这些对于我们以后的生活会有什么样的影响。

找到部落对你的认同感和目标都会产生革命性的影响，因为部落会带来三种强大的动力：认同感、灵感，以及我们所谓的“协同魔力”。

THE ELEMENT

05 寻找让你看见自己的部落

How Finding Your Passion Changes Everything

THE ELEMENT 梅格 · 瑞恩的电影部落

对大多数人来说，找到天赋的一个主要途径，是和其他有同样热情和渴望的人建立联系，让自己渡过难关。梅格·瑞恩（Meg Ryan）是一位广受欢迎的演员，她最著名的作品是《当哈利遇到莎莉》（*When Harry Met Sally*）、《西雅图夜未眠》（*Sleepless in Seattle*）等电影。她的演艺事业已经活跃了超过 1/4 个世纪，然而她在学校时从未想象过自己会一生以此为职业。事实上，一想到表演，甚至只是在公共场合演讲都会让她感到无比恐惧。瑞恩告诉我，在学校表演时，她总是希望自己在看台上，而不是舞台上。她是一个好学生，在八年级时，她作为优秀毕业生被要求必须上台演讲。直到瑞恩意识到她必须在全校师生面前公开演讲之前，她都对自己获得的成就感到十分激动。

虽然瑞恩练习了好几个星期，但当站到讲台上时，她还是完全在惊恐中僵住了。她说，她的母亲不得不跑上讲台把她带回到座位上。然而，她后来成了同代人中最有成就的喜剧女演员之一。在某种程度上，这正是因为她发现了自己的部落。学生时代的成功让瑞恩获得了奖学金，去纽约大学学习新闻。她一直喜欢写作，一心想成为一名作家，她当时认为写作是自己真正热爱的东西。为了支付学费，她偶尔会参加商业活动。这让制片人选择她作为肥皂剧《地球照转》（*As the World Turns*）中的固定角色，也让瑞恩发现了自己对这种生活的喜爱。

“我发现了演员的精彩世界，”瑞恩告诉我，“我周围都是很搞笑的人，就像身处一个有点古怪的大家庭中。但这一下点醒了我。虽然每天工作16个小时，我却对这种‘日常’越来越适应。我喜欢大家在一起谈论为什么有些人会做那些事情，一起研究人类行为。我发现自己清楚地知道依照我的性格会做或不会做什么。我不知道自己的这些想法从哪里来，但就是有很多很多这样的想法。我想说，‘好吧，潜台词是什么。为什么我会有自己的潜台词呢？我发现自己会在心里改写剧本，能够真正地投入这些角色，进入他们的世界。我们每天都会收到新的脚本，我不得不记住所有的台词。那些角色是如此的迷人，绝对引人入胜。我没有时间去想别的，就是完全沉浸其中。”

不过，告别《地球照转》从大学毕业后，瑞恩并没有即刻出发奔向好莱坞。因为认定要对自己有更多的探索和发现，她在欧洲待了一段时间，甚至考虑加入美国和平队（Peace Corps）。但是，当某部电影提出要带她去洛杉矶时，她再次回到了演戏的环境中，在做这份工作时，她再一次发现自己身处有缘之地。

“我遇到了非常好的表演老师佩吉·富里（Peggy Fury）。佩吉开始跟我讨论艺术和表演，她告诉了我成为艺术家对她意味着什么。西恩·潘（Sean Penn）是我的前辈，安吉利卡·休斯顿（Anjelia Houston）、米歇尔·菲佛（Michelle Pfeiffer）和尼古拉斯·凯奇（Nicolas Cage）也在那里。我身边都是发自内心深处在表演的人，他们对人类的处境感兴趣，能把剧本演活了。

这一切慢慢开始在我的脑海里、我的心里和我的灵魂里绽放。所以我在洛杉矶站稳了脚跟，买了一套房子。我在纽约的经纪人为我建立了洛杉矶分公司，仿佛一切都朝我涌来了。

“我的片约不断，也教会我很多东西，帮助我成长为一个真正的人。当我决定演一部电影时，可能是因为我认为它很有趣，或者是我想演一个特殊的角色，但归根结底，它们都对我的人生产生了深远的影响。如果一部电影的主题不怎么样，我会因为那一群人而选择它。我的成长得益于每一部电影中的每一个角色。”

梅格·瑞恩有很多选择：她拥有成为一名作家的出色文笔，她有着突出的学术天赋，有着广泛的兴趣和魅力。但她在演戏时发现了一群和自己拥有相同世界观的人，他们让她感觉到自己最自然的状态，让她更加确认了自己的天赋，他们也鼓励了她、影响了她，让她成为最好的自己。当瑞恩跟演员、导演、摄像和灯光师，以及电影世界的所有人在一起时，她最接近真正的自我。

作为这个部落的一部分，她找到了自己的天赋。

利普斯奇的艺术部落

部落里的成员可以合作，也可以成为竞争对手。他们可以拥有相同的愿景，也可以有完全不同的目标；他们或者年龄相仿，或来自不同世代。**部落的联结是成员们对共同人生使命的承诺与投入**。这可能会让你感觉到极大的释放，尤其当你一直独自追求热爱的事业时。

唐·利普斯奇（Don Lipski）是美国最为著名的雕塑家和公共艺术家。他从小就知道自己是要走艺术这条道路的。在很早之前就有一些迹象表明，他拥有着不同寻常的创造力。“当我还是个孩子的时候，”他对我说，“我就在不停地做东西。我不觉得自己是一个有创造力的人，但是我知道自己有着惊人的能量。我控制不住自己去涂鸦、拼凑各种东西。我不认为它是一种财富，如果要说的话，我觉得这算是我的一个特点。”这种“惊人的能量”让他觉得自己不同于其他孩子，有时候甚至会让他觉得不舒服。“一个小孩子，”他说，“最想的事情只是要和其他孩子一样，而不是像我一样，我觉得自己的创造力太另类了，这让我和别的小朋友区别了开来。”

从小学到初中，利普斯奇尝试了不同的方向。他有学习的天赋，但讨厌无聊的作业。“学习对我来说很容易。我很快就能完成作业，不会花什么心思，也不追求深度。”他在数学上颇有天赋，学校将他列入了一个数学高阶组，但在其他方面，老师都视他为一个后进生，因为他总是不求甚解。他将更多的时间花在了看书上，以及思考如何写作：“在应该做作业的时候，我总是在画画或折纸。而我常常不会被鼓励，听到的多是责备”。

有一位老师极其支持他的艺术天赋，但利普斯奇并没有认真对待艺术。老师觉得很郁闷，因为利普斯奇“都不愿意跟我说话”。不久之后，这位老师离开了，另一个美术老师来到了学校。这位新老师给利普斯奇带来了深刻的启蒙。“他们有一个非常简单的焊接雕塑部分的工具，他教我如何焊接。这对我来说就像是魔术，我可以将铁块焊接在一起。这让我感觉我之前所做的一切都只是孩子们的艺术游戏。焊铁和做雕塑才是真正的成人艺术！”

对利普斯奇来说，发现焊接就像找到了“圣杯”。不过，他还不知道利用这个工具去做些什么充满魅力的东西。他不认为自己是一个艺术家，因为他不擅长画画。他有朋友画画很好，当朋友画画的时候，“我在玩积木，或玩些建筑模型。这些都不像真正的艺术。只有那些能把一匹马画得看起来像一匹马的孩子才会觉得自己像真正的艺术家”。

甚至当利普斯奇的雕塑作品在学校艺术展上获奖的时候，他都没考虑过要去艺术学校。他在高中毕业时拿到了威斯康星大学商科的通知书。随后，他选择了以经济学和历史为专业。尽管在专业课程中没有迸发任何思想火花，利普斯奇仍然没有走入艺术院系。

在大学的最后一年，利普斯奇想尽办法选修了木工和陶瓷两门课程，而实际上他并没有资格选修它们。他只是喜欢，而且擅长。最重要的是，他几乎是第一次真正体验到了作为一位艺术家创作作品的那种快乐。在陶瓷课上，他还发现了自己在大学里一直都未能遇到的好事：一位鼓舞人心的老师。“他是一个非常浪漫和热情的人。他所做的一切都像是艺术品。哪怕只是给面包抹上黄油，他都全神贯注。他成了我的榜样，让我觉得真的可以依靠自己的创作生活。”

对利普斯奇来说，以艺术家为职业第一次变得可能而值得追求。他决定去密歇根的克兰布鲁克艺术学院（Cranbrook Academy of Art）的研究生院学习陶瓷。但就在这时候，他遇到了阻力。他的父母虽鼓励他创造，但只想他将其作为一个爱好。当他申请克兰布鲁克艺术学院时，身为商人的父亲却试图给他灌输一些经济意识。利普斯奇对此表示了认同：研究陶瓷确实没有什么经济价值，但这就是他想做的事情。经过长时间的劝说，父亲发觉利普斯奇心意已决，于是就任他去了。当利普斯奇到达克兰布鲁克后，他发现了一个全新的世界和无限的可能性。“我在自己的课上很少能接触到艺术系学生，”他说，“克兰布鲁克几乎就是一个研究生院，它里面大概有200个艺术学生，其中大约180个都是研究生。我人生第一次遇到了这么多认真对待艺术且知识渊博，热爱自己的艺术作品的人，这对我来说真是太奇妙了！我参加了所有的评审会，不仅是陶瓷系的，还有绘画、雕塑、纺织等系，我到处学习，求知若渴。我还花了很多时间去参观其他学生的工作室，学习他们每个人在做的事情。我开始阅读杂志，去艺术博物馆参观，第一次完全沉浸在艺术之中。”

利普斯奇在克兰布鲁克找到了他的部落，这让他走上了一条截然不同的路。

“单人逃离委员会”

找到合适的部落对你发现自己的天赋很关键。另一方面，如果你内心深处感觉到自己身处错误的人群，这可能是一个好迹象，说明你可以转而寻找其他的归属。

海伦·皮尔彻(Helen Pilcher)正是这样做的。她放弃了自己的科学家身份，成了世界上为数不多的科幻喜剧演员之一。事实上，她的科学生涯充满了摇摆和跌宕。正如她所说：“我不热爱科学，我只是踉踉跄跄跌进了科学界。”高中毕业后，皮尔彻进入大学学习心理学，过着“喝着苹果酒看电视”的生活。大学毕业后，“一种普遍的冷漠和不愿找到一份真正的工作”的状态让她花了一年的时间拿到神经科学硕士学位。直到这个时候，皮尔彻才开始觉得科学本身是有趣的，因为“那里有大型实验、大脑解剖，以及荒谬的安全规范”。

因为对科学的痴迷，以及一些其他原因，皮尔彻完成了攻读博士学位的学习。她说自己学到了一些有用的科学,以及“如何像一个女主角那样打台球”。当然，她也学会了一些其他东西。她喜欢科学，但科学不是她的部落。根据她的经验，与打台球不同，科学界的竞技不是表面的。“据我所知，科学界的资历和沟通能力成反比，而与灯芯绒裤子的厚度直接相关。”

皮尔彻也学会了一些手艺。“我学会了如何让没有记忆的老鼠恢复记忆；我‘制造’并嫁接了转基因干细胞，然后再将它们装进那些健忘的啮齿类动物的大脑中。在我的实验干预后不久，这些动物们的认知能力简直堪比伦敦出租车司机。但是与此同时，我自己的注意力却开始不稳定了。”

最重要的是，皮尔彻发现，她所经历的科学世界并非她所期待的自由探究的乌托邦，而是一种生意。“企业化的科学研究投入了资金、人力和时间进行医学实验，它的动力来自商业计划。实验的动力不再是浓厚的好奇心，而是更多的钱。我感到失望，也感到拘束。我想传播科学，我想为科学写作，我想离开科学研究的圈子。”

所以，皮尔彻开始成立“单人逃离委员会，并开始挖一条隧道”。她报考了伦敦伯克贝克学院的科学传播学位，在那里发现了“志同道合的朋友”。她还获得了媒体奖学金，“度过了两个月的美好写作时光，并为爱因斯坦科学电视台制作了有趣的科学影片”。她鼓起勇气向任何潜在购买者兜售她的科学自由写作作品:“我厚着脸皮向电台、出版社和在网络上推销我的作品。”最后，她离开了实验室，去了英国皇家学会工作。“我的任务是找到方法让科学变得受欢迎，虽然没有正式的实验描述。”

出乎意料的是，皮尔彻后来收到了一封电子邮件，要求她在切尔滕纳姆科学节（Cheltenham Science Festival）的黄金时段做一段关于科学的单人喜剧。

她在答应的那一刻就开始恐慌了。“我们都知道科学是一件很严肃的事情，爱因斯坦的相对论并不是一行台词。不过我得到了喜剧演员兼作家朋友蒂曼德拉·哈克尼斯（Timandra Harkness）的帮助，以及一些其他朋友的支持。就这样，‘科学喜剧项目’（Comedy Research Project）诞生了。”

接下来，她还加入了伦敦喜剧圈。在随后的5年里，她“白天培养干细胞，晚上表演节目”。科学喜剧项目变成了一个现场秀，蒂曼德拉和皮尔彻都觉得这是“科学界最好的五个发明之一”。观众们会“发现自己在参与一氧化氮公式的推理，可以志愿去找一个科学家重现早期的飞行实验，还可以和猫王一起唱黑洞之歌”。

皮尔彻说，科学喜剧项目这个节目就是为了科学地证明这样的假设：科学也可以很有趣。“我们在方法论上确实非常谨慎。每一次节目中都有一定数量的观众被锁在一个不毗邻喜剧演员的房间里。然后我们会评估这些观众的笑声和那些听到科学笑话的观众相比，是笑得比较多还是比较少。从全国各地初步收集的数据来看，我们的工作还是有前途的。”

对海伦·皮尔彻而言，她的科学生涯让位于了关于科学的写作和传播。离开实验室是可怕的，她坦白说，“但比不上原地踏步可怕。所以我的建议是像旅鼠那样跳离目前的环境，当然，前提是你应该想好如何改变”。

领域与圈子

谈论部落的时候，我其实是在谈论两个截然不同概念，这两个概念对于那些希望找到自己天赋的人来说都很重要。第一个是“领域”，第二个是“圈子”。“领域”指的是人们从事的各种活动和学科，如表演、摇滚、商业、芭蕾、物理、说唱、建筑、诗歌、心理学、教学、美容、时装、喜剧、田径、台球、视觉艺术等。“圈子”指的是同一领域的其他人。梅格·瑞恩选择的领域是表演，尤其是肥皂剧。而她的圈子是与她共事的其他演员，是那些认同她的表演方式，并激发了她的创造力的人。之后，瑞恩转移到了这一领域的另一个部分，从喜剧转向了电影表演，从喜剧人物转向更严肃的角色。同样，她也拓展了自己的圈子，特别是当她遇到了佩吉和其他演员之后。

理解瑞恩的领域，以及她和她所属圈子的联系，可以解释那个害羞的女孩为什么不能完成一个优秀毕业生的演讲，却最终成了世界知名演员。“我工作的时候只是和几个其他演员待在一个黑房间里，旁边有摄影团队。我不用担心观众，因为这种工作的日常中没有观众，只有一个布置有摄影机的暗棚，以及和你有对手戏的另一个人。这种模式很有魅力，这些伙伴都很伟大，所以我在整个过程中一直被吸引着。”

瑞恩从这种经历中获得的信心足够强大，所以她能深入所在的领域，并不断更新自己的圈子。即使是现在，瑞恩依然不喜欢在公共场合演讲，或者参加电视脱口秀节目的采访。“如果我必须这样做，我会做的。我只是不愿意，这会让我变得不真实，我在聚光灯下真的感觉非常不舒服。”

布莱恩·雷（Brian Ray）是一位伟大的吉他手，他曾与美国当代最有表现力和影响力的歌手斯摩奇·罗宾逊（Smokey Robinson）、R&B 歌手的先驱埃塔·詹姆斯（Etta James）和摇滚乐手彼得·弗兰普顿（Peter Frampton）合作，还曾与滚石乐队和布迪兄弟乐队（Doobie Brothers）一起巡演。他在早年就找到了自己的领域，这也使他最终成功进入了孩童时期未曾想过的音乐大师圈。

雷1955年生于加利福尼亚州格伦代尔市。这一年，艾伦·弗里德（Alan Freed）创造了“摇滚”（rock and roll）这个词。雷是家里四个孩子中的一个，另外还有一个同父异母的姐姐珍，比他大15岁。

珍会带我到她朋友的家里玩，他们会听里克·尼尔森（Rick Nelson）、猫王和杰瑞·李·刘易斯（Jerry Lee Lewis）的音乐，仔细看这些人的照片。这些女孩对广播里的音乐的反应，以及她们对这些照片的反应，对我产生了刻骨铭心的影响。虽然我那个时候只有3岁，但是我的内心已经完全感受到了自己对音乐的热爱。我爸爸会弹钢琴，我们有一个小小的“留声装置”（phonograph-making kit）。它有一个麦克风，我们可以用它剪辑录音，并把它加到另一张唱片中。我记得自己常常坐在旁边，在长达两三个小时的时间里跟我爸爸一起弹奏钢琴、剪辑唱片。

高中时，珍开始玩音乐，她加入了一个叫作“新克里斯蒂游吟诗人”（The New Christy Minstrels）的民谣乐队，还进行了全国巡演。她给我们讲其中的故事，这些成长的瞬间让她的人生熠熠发光。珍对音乐的热爱和喜悦影响了我，在我快10岁的时候，她还带我去了俱乐部和音乐会。我在那里遇到了自己崇拜的人。

我的哥哥得到了一把非常好的吉布森吉他，还能去学习弹吉他。但他对音乐没什么热情，也不在意那些课程，我就用他的吉他一直练习。后来，我从珍那里得到了她在墨西哥提华纳买的价值5美元的尼龙吉他弦。我当时就哭了出来。我对音乐的热情太强烈了，近乎狂热，我既没意识到也不知道去分享并传播自己的热爱。在我还不知道如何给吉他调弦之前，我就纠集了几个人组了乐队。

在我 11 岁左右的一个周日晚上，我们在《埃德·苏利文秀》（*The Ed Sullivan Show*）节目上听到了一个新乐队的名字——披头士乐队。那是一种完全不同的音乐，混合了我非常喜爱的黑人 R&B，还有其他一些我不知道的元素。我想，这音乐一定来自火星。它改变了一切。

“我知道我想玩音乐，他们帮我更加确定了这一点。这是最让我兴奋的事情，也让我觉得可以依靠乐队演出为生，而且它竟然这么好玩有趣。因为他们，我不再想象‘自己也许会成为一名消防队员’。我开始追求自己的毕生所爱。”在接下来的 20 年，雷和同时代最顶尖的音乐家展开了合作。之后，他还收到了保罗·麦卡特尼新乐队的演出邀请，而这之前是他从未敢想象的。从那以后，他就一直在参与麦卡特尼的巡演，与他一起同台演奏。

我做过的最疯狂的梦都没有想到会有这一天。你想想看，1964 年电视机前一个盘腿看《埃德·苏利文秀》的金发小男孩，竟然能和节目里那个唱《我全部的爱》（*All My Lovin*）和《我看见她站在那里》（*I Saw Her Standing There*）的家伙一起演奏！这个故事确实有着让人振奋的地方，而这还只是一部分。

这本书里的人们都在不同领域发现了自己的天赋，也找到了自己归属的圈子。没有人被局限在一个领域，很多人都在不同的领域之间活动。具有突破性的思想都发生在人们打通了不同思维方式的时候，有时甚至是不同的领域。毕加索在探索他的蓝色时期（1901—1904）和玫瑰时期（1904—1906）（Blue and Rose periods）的局限性时，迷上了巴黎人类学博物馆（Musée d’Ethnographie du Trocadéro）里收藏的非洲艺术展品。这些藏品和他的作品完全不同，却启发了毕加索创造力的新高度。多贡部落（Dogon tribe）里的仪式面具对他的影响，从《亚维农少女》（*Les demoiselles d'Avignon*）中就可见一斑，从而也形成了他最为知名的“立体主义”（Cubist）作品。

随着文化和技术的发展，新领域不断出现，受到追捧，又逐渐消失。电脑动画技术催生了电影、电视和广告领域的诸多创新。如今，人们已经不会像曾经那样将巨大的精力花费在脚本上了。

找到部落对你的认同感和目标都会产生革命性的影响，因为部落会带来三种强大的动力：认同感、灵感，以及我们所谓的“协同魔力”。

黛比·艾伦（Debbie Allen）的舞蹈、表演、唱歌、制片、写作和导演生涯，让无数人眼花缭乱又感动万分。随着电视剧《名扬四海》（*Fame*）的成功，她的职业生涯在 1980 年得到了大飙升。她因为精心的舞蹈设计获得了连续 6 年提名和获得奥斯卡金像奖的殊荣。此外，她本人还赢得了许多奖项，其中包括 1992 年和 1995 年的技术奖。她也是黛比·艾伦舞蹈学院的创始人和院长，该学院为年轻的舞蹈演员和专业人员提供专业培训，为新的舞蹈指导提供资助，并将舞蹈推广到了所有年龄的人群中。

“当我还是个小孩子的时候，”艾伦告诉我，“很小，大概四五岁的时候，我还记得我穿着粉色的泳衣，脖子上挂着一条毛巾，在我家房顶上跳舞，为鸟儿和云朵表演。我小时候一直在跳舞，灵感都来源于芭蕾舞演员的美丽照片。我是一个住在得州的黑人，从没有在现场看过芭蕾舞表演。但我很喜欢看音乐电影，看秀兰·邓波儿（Shirley Temple）、鲁比·基勒（Ruby Keeler）、尼古拉斯兄弟（Nicholas Brothers）的电影。

林林兄弟马戏团（Ringling Brothers Circus）来到镇上的时候，

我看到了那些惊人的景象：人们穿着漂亮的服装，舞者在空中踮着脚趾尖飞舞，我觉得这一切太不可思议了！我被电影启蒙了！玛格·芳廷[①]（Margot Fonteyn）和鲁道夫·努里耶夫[②]（Rudolf Nureyev）则是我见过的最令人惊叹的存在。

身为一个小女孩，我不可能去什么真正的舞蹈学校，因为一切都是隔离的。但我加入了 Debato 工作室，还得到了全额奖学金，一个星期可以参加 10 节舞蹈课。我至今仍然记得我跳的第一支舞。我穿着白色的亮缎裙、白色的夹克和橙色上衣，以及白色的踢踏舞鞋表演 3 人舞。表演的感觉就像站在世界之巅！小时候我总是穿着紧身裤。在我 50 岁生日聚会的时候，一位阿姨还带来了我 5 岁时穿着紧身裤的照片。我在很小的时候就知道自己是一个舞蹈家。

在 17 岁第一次看到艾文·艾利（Alvin Ailey）美国现代芭蕾舞蹈剧团（Alvin Ailey Company）时，我就知道自己要扔掉足尖鞋，穿上高跟鞋和白色的长裙在那样的音乐中起舞。我在舞台上无比认同于此，我能感受到光荣。

有一年夏天，我去了卡罗来纳州的斯波莱托（Spoleto）舞蹈节，那时我已经逐渐进入状态。小时候，我有想法却因隔离受阻，所以获得跟达德利·威廉姆斯（Dudley Williams）学习的机会太令人惊喜了。艾文·艾利也在那里，这个本土舞蹈团在教授《启示录》舞蹈课。我在课堂中脱颖而出，他们希望我入团，但最后艾文还是觉得我太年轻了。虽然我再也没有加入过他们的舞团，但我知道了自己必须像他们那样跳舞和教授跳舞。

① 英国芭蕾舞女演员，被誉为 20 世纪最伟大的芭蕾舞女演员之一。
② 奥地利芭蕾舞演员，生于西伯利亚，曾为基洛夫芭蕾舞团首席男演员。

> 我创办舞蹈学院的初衷是想回馈，我们提供所有类型舞蹈的课程：弗拉明戈舞、非洲舞、现代舞、角色舞、踢踏舞、嘻哈舞。学院里有来自世界各地的出色教师。每个孩子都有权利学习跳舞，舞蹈是一种非常奇妙的语言。相信我，跳舞的孩子不会堕落。

和拥有同样热爱的人保持联系，你将不会感到孤单。有些人喜欢你，但可能不理解你的热情，而有些人却能。你是否喜欢他们每个人以及你是否喜欢他们的作品并不重要。你不喜欢他们是完全有可能的，最重要的是你们是否热爱相同的事情，是否彼此认同这一点。找到你的部落，你就能体验到“酒逢知己千杯少”的感觉，你们能够天马行空地讨论想法，分享和提升技能，毫不掩饰你们同样的爱憎分明。建立这种联结，是我在这本书里目前为止提到的很多人人生的重要转折，如马特·格罗宁、梅格·瑞恩、艾娃·劳伦斯和布莱克·艾斯，以及之前提到的很多人。

在克兰布鲁克跟其他艺术家在一起，唐·利普斯奇获得了更深的意义感，让他明白自己所做的事情很重要，也是值得的。他说：“在克兰布鲁克学院时，我开始认真对待自己小时候的第一次小涂鸦。如果在马路上看到一根橡皮筋，我会把它捡起来，看看能不能找东西来包装它或者跟它组合起来，这是我一直在做的事情。但直到我读到研究生院的时候，才意识到那其实就是雕塑。虽然比较青涩，但它确实是艺术，而不仅仅是打发时间。”

也有些人在大多数情况下，只有在独处的时候才能发现天赋。对于有些数学家、诗人、画家和运动员来说就是如此。不过，即使是这样，他们也对自己的领域有着心照不宣的认同，如一些作家、画家、数学家和运动员能使他们所在的领域更加丰富，并且突破了他们对可能性的认知。

伟大的科学哲学家迈克尔·波兰尼（Michael Polanyi）认为：自由和开放的思想交流是科学探究的重要动力。科学家喜欢研究自己的想法和问题，但科学也是一种共同冒险。“通常看上去，科学家是在自由地对问题做出自己的选择，根据自己的个人判断追求答案，”波兰尼说，“但他们实际上是紧密合作的组织成员。”

波兰尼强烈反对政府对科学的控制，因为这会破坏真正的科学所依赖的自由交流。“任何试图……在一个专制权威下……组织科学团体的行为都会消解科学家的独立性，从而降低他们的联动效率，让他们变成只对这个专制权威负责的个体，而这最终将会麻痹他们的合作。”正是由于科学界的这部分压力，使海伦·皮尔彻从干细胞研究跨越到了喜剧舞台上。

领域内人和人之间的、作品和作品之间的交流对我们来说和独立思考一样至关重要。正如美国著名物理学家约翰·惠勒（John Wheeler）所说：“如果你不和别人讨论，你就会落后。我总是说，没有人可以独自存在。”即便如此，天赋之中的生活节奏也各有不同，就像日常生活一样。有时你希望合作，有时你又不这么想。著名物理学家弗里曼·戴森（Freeman Dyson）曾说，当他写作的时候就会关上门。但当他做科学研究的时候，就会让门开着。“在某种程度上看来，你会欢迎他人的打扰，因为只有通过与他人互动，你才会有一些有趣的发现。”

部落里的灵感与激励

找到你的部落，除了获得认同和互动外，还有其他一些同样重要的东西。部落可以提供灵感和激励，让你提高自我成就的标准。**在每一个领域之中，狂**

热社区中的成员往往会督促彼此探索才能的极限。有时，这种刺激并不是来自密切合作，而是来自同领域其他人的影响，无论是同时代者还是先辈，又或是和特定领域直接相关或关联甚微的人。正如牛顿的名言："如果说我比别人看得更远，那是因为我站在巨人的肩膀上。"而且这种现象不仅仅存在于科学界。

1942年，鲍勃·迪伦出生于明尼苏达州的希宾小镇。在他的自传《编年史》（*Chronicles*）中，迪伦讲述了他与他人的疏离感受。那时的迪伦与他的家庭疏离，与当时的流行文化疏离。他知道自己必须离开那里，去成为他想成为的人，他的生命主线就是民谣。"民谣，"他说，"是我存在的必需……除了民谣，我对其他不关心也不感兴趣。我围绕着它安排自己的生活，我与非志同道合的人没什么好说的。"

当鲍伯·迪伦出发的时候，他因循着本能搬到了纽约。在那里，他遇到了许多艺术家、歌手和作家，遇到了可以释放他天赋的"场景"。他开始寻找与他同道的人。在所有启发和塑造他的人之中，有一个人将他带到了从未有过的艺术高度。鲍勃·迪伦说，当他第一次听到伍迪·格思里[①]（Woody Guthrie）的音乐时，就像有100万吨炸弹爆炸了。

20世纪60年代初的一个午后，一个朋友邀请迪伦去看他收藏的唱片。其中包括几张老78s专辑，一张是贝西伯爵（Count Basie）、米德·刘易斯（Meade Lux Lewis）、乔·特纳（Joe Turner）、皮特·约翰逊（Pete Johnson）和罗希塔·萨普（Sister Rosetta Tharpe）等人的作品合集《卡内基音乐厅灵魂摇摆乐专辑》（*The Spirituals to Swing Concert at Carnegie Hall*），另外是一套12张的伍迪·格思里双面带。住在希宾时，迪伦也曾不经意间听到过一些格思里的作品，但并

① 美国民歌手、作曲家，所创作的歌曲已成为美国民谣遗产的一部分。

没有密切关注，但在纽约的这个午后完全不同了。

迪伦将一张老78s唱片放到唱片机上，“当唱针落在唱片上的那一刻，我惊呆了！我不确定自己是石化了还是僵直了”。他听了一些格思里的独唱曲目，如《勒得罗大屠杀》(*Ludlow Massacre*)、《1913大屠杀》(*1913 Massacre*)、《耶稣基督》(*Jesus Christ*)、《漂亮男孩弗洛伊德》(*Pretty Boy Floyd*)、《艰难旅行》(*Hard Travelin*)、《电钻约翰》(*Jackhammer John*)、《大古力水坝》(*Grand Coulee Dam*)、《富饶的牧场》(*Pastures of Plenty*)、《言语风暴》(*Talkin' Dust Bowl Blues*)和《这是你的国土》(*This Land Is Your Land*)。

“所有这些歌曲连在一起，一首接一首使我感到头晕，”迪伦说，“这让我想喘息。这种感觉就像大地被分裂了一样。我之前听过格思里，但可能只有一两首，还很有可能是和其他艺术家合作的作品。我从来没有以如此惊天动地的方式听过他的音乐。格思里对事物有着如此惊人的掌控力。他是如此的富有诗意，又如此富有韵律。因为强度极大，他的声音听起来就像可以穿透灵魂。”

格思里跟迪伦之前听过的所有歌手都不一样，他写的歌曲也让人耳目一新。格思里的一切，如风格、内容甚至是小癖好，都启蒙了迪伦，让迪伦觉得这才是民谣应该有的样子。

“这一切几乎将我击倒，就像唱片机在载着我到处遨游。我很认真地听着他的歌词。他拥有前人无法企及的完美歌唱风格，比如他会在某个词的尾音上突然发力，让人瞬间振奋。而他所有的歌曲本身也不局限于某一个种类，其中饱含人性与人道关怀。他的歌单中没有平庸之作。伍迪·格思里用他的方式将一切撕得粉碎，对我来说，这是一种顿悟，就像在港口投下沉重的锚，激起了千层浪。”

那一天中剩下的时间里，迪伦一直“神情恍惚的”在听格思里。这不仅是对格思里的顿悟日，更是迪伦发现真相的时刻。“我觉得我发现了一些本质的自我指令，我似乎身处某种系统中，我比以往任何时候都感觉更像我自己。一个声音在我的脑海里说：‘就是这个！’我愿意唱那些专辑里所有的歌！这些就是我想唱的歌！我就像一直走在黑暗中，但有人突然给我打开了灯光。”

随着在纽约找到了志趣相投的人，迪伦也找到了自己。通过发现伍迪·格思里的精神世界，他开始想象自己的世界。就像牛顿一样，他们都是因为站在了巨人的肩膀上，所以能够看得更远。

圈子的影响力

部落是具有影响力的圈子，它可能以各种形式存在。部落的组织可能广泛松散，也可能联系紧密；部落成员可能只存在于你的思想之中，或者是与你真实的同处一室；他们可能是在世的人，也可能是已经去世但仍可以通过作品发声的先辈；他们可能是同辈人，也可能是不同世代的人。

诺贝尔奖获得者理查德·费曼在人们想都不敢想的时代就提出了超微（Ultra-miniaturized）机器。许多年后，马文·明斯基[①]（Marvin Minsky）被费曼的想法激发灵感，成为“人工智能之父”，推动了这一领域的发展。之后，纳米技术之父埃里克·德雷克斯勒（K. Eric Drexler）在麻省理工学院遇到了费曼，请求这位受人尊敬的教授指点他关于小型设备的论文，后来这篇论文成了德雷克斯勒开创纳米技术的奠基之作。通过拓展的、跨世代的部落，一个在费

① 马文·明斯基是人工智能领域的先驱之一，同时他也是世界上第一个人工智能实验室——MIT 人工智能实验室的联合创始人，以及虚拟现实的最早倡导者。其重磅力作《情感机器》中文简体字版已由湛庐文化策划，浙江人民出版社出版。——编者注

曼时代被评论家当作科幻小说的想法终于变成了现实。

当部落聚集在同一个地方时，成员之间相互激励的机会就大大增加了。在所有领域之中，一些强有力的团队能通过成员间的相互影响以及团队凝聚产生的驱动力来推动创新。

社会学家兰德尔·柯林斯（Randall Collins）的著作讨论过所有伟大的哲学运动是如何在部落动力的推动下发生的。在古希腊，哲学的历史可以梳理成一系列的相关流派：毕达哥拉斯学派及其分支；苏格拉底和他的朋友，以及由此产生的很多其他哲学流派；雄辩的迈加拉学院；柏拉图和他的朋友创立的“学园”（Academy）；作为分离派系，亚里士多德创立了“逍遥学派”（Peripatetic school）；随后哲学脉络再次重组，伊壁鸠鲁和他的朋友们撤回到“花园学派”，也称为伊壁鸠鲁学派，后又和他们的竞争对手融合为“雅典学派”（Athenian Stoics），以及罗德岛和罗马的修正派；最终在亚历山大身上集大成。

如果这种部落影响力可以发生在古希腊，也就可能发生在好莱坞。对于导致20世纪60年代好莱坞电影再造的，“喧嚣、蛊惑又偶尔肮脏的文化革命”，电影《逍遥骑士》《愤怒的公牛》算是一种检阅。在短短几年中，作为美国20世纪50年代表征的翻边袜子和沙滩毯，就被性、毒品和摇滚取代了。受到法国新浪潮（New Wave）和英国新电影（New Cinema）运动的影响，新一代导演和演员开始改变美国电影，用电影来表达他们的个人愿景。

诸如《逍遥骑士》《教父》《出租车司机》等里程碑式作品的成功突破，给一些制片人带来了前所未有的经济收入和创作独立性。他们的电影在票房和评论界获得的成功，迫使好莱坞工作室的守旧派们放弃了自己在该系统中的权力。这也成为新一代标志性电影导演的时代，如弗朗西斯·福特·科波拉

（Francis Ford Coppola，《教父》《现代启示录》等电影的导演）、罗伯特·奥特曼（Robert Altman，《陆军野战医院》导演）、马丁·斯科塞斯（Matin Scoreese，《愤怒的公牛》导演）、彼得·博格丹诺维奇（Peter Bogdanovid，《最后一场电影》导演）和丹尼斯·霍珀（Dennis Hopper，《逍遥骑士》导演）。

每一次的成功都使电影制作人获得了更大的创作掌控力。他们创造了一种狂热的创新文化，其中的每个人都能启发别人去探索新的电影主题和更为流行的电影形式。这种新生的自由也导致了爆炸式的泡沫、膨胀的自我、不断飙升的预算，以及永续不止的毒品。最终，电影制作人的相互支持和鼓励退化成了激烈的竞争和凶残的对决。这种文化背景下出现的轰动一时的电影，如《大白鲨》和《星球大战》，再次改变了好莱坞电影的风气，创作和财务的控制权重新回到了工作室手中。

在伴随着个人电脑发展的软件行业中，部落聚集的力量也非常明显。多萝西·伦纳德（Dorothy Leonard）和沃尔特·斯瓦普（Walter Swap）注意到了硅谷这一片狭小而神奇的地方。律师事务所的克雷格·约翰逊（Craig Johnson）指出，硅谷"就像一种被压缩的气体，它正在慢慢变热"。这个部落有着社会和专业的重叠，其基础在于职业类型，例如软件工程师；组织联结，例如惠普；以及人口背景，即同为斯坦福 MBA 或南亚移民。那些熟练的玩家不需要去很远的地方进行交易、更换工作，或寻找专业的合作伙伴。凯鹏华盈公司（KPCB，Kleiner Perkins Caufield & Byers）的约翰·杜尔（John Doerr）[①]总是喜欢说，在硅谷这个地方，你不挪动停车位就可以换工作。

① 美国最有影响力、最具创意的资本投资家之一，被誉为"风险投资之王"，曾投资过谷歌、太阳计算机系统公司、亚马逊等公司。

共同的价值观造就了长期驻扎硅谷的人们。硅谷的那些非凡创新者的个人信仰会传染整个社区，如那些不仅创造了一个公司，甚至是开创了一个行业的人。比尔·休利特（Bill Hewlett）和戴维·帕卡德（David Packard）就直接影响了老一辈的硅谷人，他们中很多人都是那里的早期员工。有了这些人的奠基，权力的控制和高水平的业绩才得以传递到下一代企业家手中。

部落激励个人追求新高度的例子比比皆是。拿体育团队来说，1969 年的纽约尼克斯队（New York Knicks）是 1972 年战胜迈阿密海豚队（Miami Dolphins）的“无名战队”；而 1991 年明尼苏达双城棒球队（Minnesota Twins）的集体表现绝对优于任何单个球员；20 世纪早期几十年里的“包豪斯[①]运动”（Bauhaus movement）也是如此。在这些案例中，创意人才的聚集都带来了爆炸性的创新和增长。

神奇的创意团队

部落力量的例子中最神奇的是创意团队的工作。在沃伦·本尼斯[②]（Warren Bennis）和帕特里夏·沃德·比德曼（Pat Ward Biederman）的《七个天才团队的故事》（*Organizing Genius: The Secrets of Creative Collaboration*）一书中，他们书写了自己心目中的“伟大组织”，那些有相似兴趣的人集合在一起，创造出了超越个体创意之和的天才团队。他们说，“一个伟大的团队可以是一个目标、一张支票、一个智囊团，或者是灵感的来源、支持，甚至是爱”。创造

① 包豪斯是德国的著名建筑师，他开启了现代主义建筑的时代，该流派以强调建筑功能、技术和经济效益为特征。

② 沃伦·本尼斯，领导力之父，组织发展理论先驱，是使领导学成为一门学科，为领导学建立学术规则的大师，其领导力系列著作《领导者》《七个天才团队的故事》《成为领导者》《经营梦想》中文简体字版已由湛庐文化策划，浙江人民出版社出版。——编者注

性的能量如果与团队间不甘落后的动力相结合，两者对卓越的孜孜追求将会超乎想象，这也是协同力量的“点金术”。

最好的例子之一，是迈尔斯·戴维斯具有里程碑意义的专辑《泛蓝调调》（*Kind of Blue*）。这张专辑被各类音乐爱好者评为“必买专辑”之一，大批爵士乐迷、古典乐迷与摇滚乐迷都能熟记专辑中的每个音符。但很少有人知道的是，参与这张专辑录制的乐手在进入录音室之前，都不知道自己将会演奏什么。

“录制前几个小时，迈尔斯才开始构思这些音乐，他到达录音棚之后，只有一个草稿跟大家说明要演奏什么，”钢琴家比尔·埃文斯（Bill Evans）在专辑内页的开头这样写道，“因此，在这张专辑里，你会听到一些接近纯粹自然的表演。我们的团队从来没有玩过这样的作品录音，所以我觉得每首曲目的第一次演奏肯定只是一个‘样带’，但事实上，出现在专辑中的每首曲目都是一次完成的，除了《弗拉明戈素描》（*Flamenco Sketches*）这首演奏了两次。”

小号手戴维斯、埃文斯，还有中音萨克斯管演奏家约翰·柯川（John Coltrane），高音萨克斯手“大炮”朱力安·爱德雷（Julian Adderley），钢琴家温顿·凯利（Wynton Kelly），贝斯手保罗·钱伯斯（Paul Chambers）和鼓手吉米·科布（Jimmy Cobb）都在1959年的那个录音室里，戴维斯当时提出的要求是，这张专辑要有点革命的意味，因为当时爵士主要是基于和弦变化，然后他们就开始录制唱片了。每一个乐手在团队中都积极探索着爵士乐发展的新方向。可以说，《泛蓝调调》这张专辑是一场充满了坚定、灵感和协作的完美风暴。这些艺术家纷纷打破壁垒，把自己的音乐带领到了新的方向，而且他们的领袖是如此设想大胆、别出心裁。

《泛蓝调调》的诞生就源于强大创造力的融合，也创造了超越想象的成就，这也是协同的终极目标。“当录音带开始转动的时候，神奇的事情发生了。团队的即兴创作是一个巨大的挑战，”埃文斯说，“除了解决集体思维带来的重大技术问题，还有非常人性化的问题，甚至是所有人因为共情的社交需求而必须相互妥协、达成一致的问题。我认为这是其中最困难的地方，但在这张专辑中得到了完美解决。”他们在接下来的几个小时里创作自己的音乐，互相合作、互相对抗，相互协调、相互挑战，最终让这些音乐得以传世。而《泛蓝调调》成了有史以来最畅销的爵士乐专辑，在发行近 50 年后，每周依然能卖出成千上万张。

为什么创意团队的成果会大于个体的成就？我认为这是因为团队成员在一起可以整合我前面描述的智力的三个关键特性。在某种程度上来说，这种现象是说明创造性思维基本特征的典型。

创意团队是“多样化”的，它们由拥有截然不同却互补的天赋的人组成。创作了《泛蓝调调》的团队成员不仅是可以演奏不同乐器的伟大音乐家，也为这张专辑带来了不同的音乐敏感性和人格类型。披头士也是如此，他们的成员在文化和音乐上有共同之处，但列侬和麦卡特尼完全不是同一类人，乔治·哈里森和林戈·斯塔尔也是如此，正是由于成员之间的差异，才使他们合作的创造性大于了每个人的加和。

创意团队也是动态化的。人才的多样性很重要，但仅仅这样是不够的。不同的思维方式也可能成为创造性的障碍。创意团队能够找到合适的方法将他们的差异变成优势而非弱点，因为他们有一个以自己的优点弥补彼此缺点的过程，能够挑战彼此、平等相待，并将接受批评作为提高自身水平的激励。

创意团队是差异化的。一个伟大的创意团队和一个委员会存在一个非常大的区别，大多数委员会都有日常工作，而且成员之间存在理论上的互换关系，委员会成员通常代表特定的利益。通常，哪怕有一半的成员只顾着刷手机或者对着屏幕发呆，委员会也可以正常运行。委员会通常也是不会消失的，而且似乎可以永远持续下去，所以他们经常在开会。而创意团队有着与之截然不同的个性，成员们聚集起来是要完成某些具体目标的，单纯是因为他们想在一起所以在一起，或者是为了共同的任务聚集到一起的。

强大的团队合作最著名的一个例子是亚伯拉罕·林肯总统的政府。多丽丝·卡恩斯·古德温（Doris Kearns Goodwin）在她的《林肯与劲敌幕僚》（*Team of Rivals*）一书中，讲述了林肯和4个他的内阁成员的故事，包括陆军部长埃德温·斯坦顿（Edwin M. Stanton）、国务卿威廉·苏厄德（William H. Seward）、财政部长萨蒙·蔡斯（Salmon P. Chase）、检察总长爱德华·贝茨（Edward Bates）。这5个人毫无疑问属于同一个部落，他们都充满着领导和推动美国进步的激情。但其中4个人在林肯就任总统时都曾经公开反对过他。斯坦顿甚至曾经称林肯为“长臂猿”。他们每个人都持有自己坚定的立场，有时还会与林肯的观点针锋相对。此外，他们每个人都认为自己比选举出来的林肯更有资格当总统。

但林肯却认为，这些竞争对手都具有管理国家所需的优点。当时的林肯面对美国政治局面有着难以想象的冷静，并最终把这支队伍组织在了一起。他们经常言辞刻薄地不断讨论，但最终还是发现了彼此合作的收获：将他们的不同意见整合成国家政策，通过他们的集体智慧让这个国家渡过最危险的时期。

谨惕群体迷失

身处一个部落和身处人群之中存在着很重要的区别，即使这个群体的成员是出于同样的原因聚集在一起的，也拥有同样的兴趣。这里首先能想到的一个案例是体育迷们。球场上到处都是激烈的、热情的球迷，如绿湾（Green Bay）的足球迷，曼彻斯特的英式足球迷，蒙特利尔的曲棍球狂热爱好者等。他们在墙上、车上、草坪的栅栏上贴满了球队的海报，甚至熟知当地球队在 1988 年获得第四名时的阵容，也可能因为婚礼日期和世界杯、欧洲杯时间冲突而推迟自己的婚礼。他们对所喜爱的团队极其投入、近乎狂热，他们的情绪可能会受到支持球队的表现的影响。但这种狂热并不能说明他们与其他球迷处于同一部落之中，至少不是我定义的部落。

粉丝行为是另一种形式的社会关系。一些人，包括亨利·塔费尔（Henri Tajfel）和约翰·特纳（John Turner），将其称为“社会认同理论”（social identity theory）。他们认为，人们通常会通过归属特定的群体来获得强烈的自我认同感，倾向与团体紧密联结，以此提高他们的自尊。球队可以让球迷感觉自己好像是一个巨大团队的一部分，从属于一个强大的组织，在球队赢得胜利时尤其如此。在任何一个赛季结束时你都会发现，周围到处都是赛季冠军球队的球衣，即使在离冠军队家乡很远的地方也是如此。粉丝们会更加吹嘘他们对胜利球队的信仰，因为在某种程度上，他们相信以这种看似边缘的方式和夺冠团队联系在一起，会让他们看起来更厉害。

社会心理学家罗伯特·西奥迪尼（Robert Cialdini）[①]提出了一个术语，“荣

① 全球知名的说服术与影响力研究权威，其著作《影响力》《先发影响力》中文简体字版已由湛庐文化策划，北京联合出版公司出版。——编者注。

耀投射”（Basking in Reflected Glory，或简称 BIRGing）。在 19 世纪 70 年代，西奥迪尼等人进行了一项研究，发现美国一些大学的学生更有可能在学校足球队获胜后的周一，穿自己学校的文化衫。他们还发现，相对于校队输掉比赛的情况，学生们更有可能在校队获胜后使用“我们”这个代词，比如“我们周六干掉了州队”。而在球队输掉的情况下，代词通常会转向第三人称“他们”：“我不相信他们能赢这一场球。”

荣耀投射的关键以及它和部落定义的相关之处在于：这些享受投射荣耀的人，跟实际获得的成就几乎没有甚至完全没有关系。如果一个球迷能到达体育赛事的现场，我们会因为他的支持而给予他一点荣耀。虽然有很多痴迷体育运动的人都充满着难以理喻的狂热，但只有最不理性的球迷才会相信：只要他们每场球赛都戴着球队的帽子，端坐在球迷队伍中，在车尾派对[①]（tailgate party）中使用特定品牌的木炭，就会对比赛结果产生影响。

加入一个粉丝团体，无论是绿湾的橄榄球队，还是“红袜帮”（Red Sox Nation），都不算加入了一个部落。事实上，加入这些粉丝团体反而可能产生负面效果。我所定义的部落成员，是可以帮助人们成就他们自己，使他们获得更强烈的个人认同。然而，我们很容易在人群中失去自我认同，粉丝群体也是如此。成为一个球迷只是一个假设的派别，人们或欢呼或唏嘘，在胜利中找到快乐，在失败中体会痛苦。在许多方面，这可能确实令人感到充实、令人兴奋，但它通常不能作为一种自我实现的手段让你找到天赋。

在现实中，粉丝行为在许多方面就是心理学家们所谓的“去个性化”（deindividuation），这意味着因为成为组织的一部分而失去自我认同感，极端

① 指的是在比赛前球迷在停车场举行的活动。

形式的去个性化会导致暴民行为。如果你曾经去过欧洲足球比赛的现场，你就会知道这条规律是如何适用于体育赛场的。但是，即便是更温和的版本，也会导致让人们丧失禁忌乃至酿成悔恨的匿名性，以及在大多数情况下做出一些超出他们正常个性的事情来。换句话说，这些行为会让你深陷远离真实自我的危险。

观察、聆听和学习

有些观众确实擅长批评，他们对一个事件的看法确实可以帮助别人来更好地理解它。在文学批评、音乐评论、体育解说等领域都有深刻触动我们的优秀人才，以及积极致力于扩展讨论的部落成员。和简单的粉丝不同，这是具备较高水平的一种职业，他们为粉丝提供服务，而且需要真正的创造。体育评论员霍华德·科塞尔（Howard Cosell）出版了他的自传《我从未上场》（*I Never Played the Game*），但他几十年来都是美国体育界最重要和最具影响力的声音之一。

我猜测，科赛尔在体育运动中发现了他的天赋，即使他并不是一个运动员。他知道自己可以提升球迷们的体育经验，并在这样做的过程中对自我产生更强烈的认知。科赛尔曾经说过："我的欲望和我的决心在广播中愈演愈烈。我知道自己想做什么，应该怎么做。"于是他成了狂热者中的关键一员，成了联结球员和观众的积极参与者。

在任何人群中，每一个观众都可能会有不同于他人的反应，有些人获得了顿悟，有些人却发现自己部落的成员不在身边的看台上，而是在面前的舞台上。

比利·康诺利（Billy Connolly）是最有原创性、最有趣的喜剧演员之一。

1942 年，康诺利出生在苏格兰格拉斯哥的一个工人阶级家庭。他努力完成了学业，一毕业就去格拉斯哥造船厂当上了焊机学徒，尽管他并不喜欢。在那里工作的时候，他学习了贸易，也了解了克莱德河海关的工作生活方式。康诺利从小就喜爱音乐，自学了弹吉他和班卓琴。跟鲍勃·迪伦一样，他们成长在同一个时代，同样在海边长大，康诺利也对民谣很着迷，只要有时间，他就在苏格兰的酒吧听民谣、弹琴唱歌。他还喜欢格拉斯哥的酒吧和夜生活，定期去看电影，星期六的晚上会去看舞蹈表演，或者偶尔去看舞台剧。

一天晚上，康诺利在电视上看到了喜剧演员奇克·默里（Chick Murray）。40 多年来，奇克·默里一直是喜剧界和音乐厅的一个传奇。他那源于真实生活的讽刺、简洁而又智慧的俏皮话，完全是典型的苏格兰幽默。康诺利坐在那里，准备与这个伟大的演员进行一场狂欢会话。他没有失望，甚至获得了顿悟。康诺利在座位上笑得打滚，他能敏锐地捕捉到那种歇斯底里的快乐，情感的释放，以及默里在自己周围引爆的思考。对于在格拉斯哥长大的康诺利而言，这是一个转折点，就像是在格林威治村的鲍勃·迪伦听到格思里一样。他意识到某些梦想是可能的，他也会去那么做。于是他开始脱离人群，融入自己的部落。

康诺利过去一直在歌曲间歇时跟他的小规模观众聊天。渐渐地，他发现聊天的时间越来越多，唱歌越来越少，同时观众也越来越多了。跟同时代的许多喜剧演员一样，康诺利后来成了即兴单口喜剧的前辈。他的工作使他远离了克莱德的造船厂，进入世界各地人满为患的影院，成为获奖电影的演员，影响了数以百万计的观众的思想和感情。

和这本书中的大多数人一样，当康诺利发现自己的天赋时，他不仅发现了实现天赋的方式，而且找到了他的部落。

我真正想说的是，寻求自身天赋时，你可能会面临一种或多种限制，包括个人、社会和文化。有时候，发现天赋需要创造性地突破那些极端的限制，即使面对那些有着破坏性的阻力，我们依然需要保有远见。

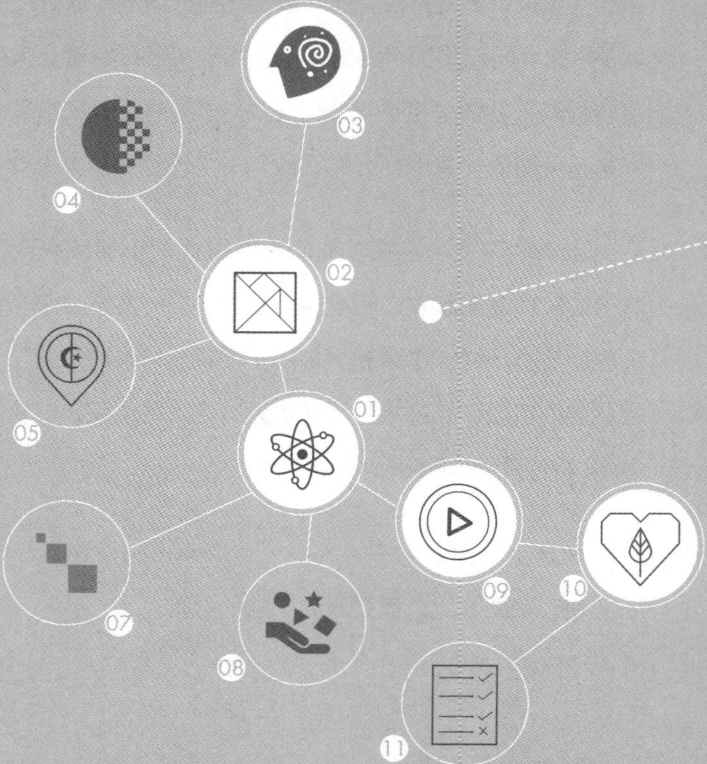

THE ELEMENT

06 发现天赋的三个约束圈

How Finding Your Passion Changes Everything

寻找天赋的过程中可能会遇到各种水平的挑战，其中一些我们在前面已经讨论过。有时这种挑战也可能来自内部，来自信心的缺乏或对失败的恐惧；有时又来自你身边的人，他们对你的预设和期望才是真正的障碍；还有时，这些障碍并不是来自你认识的某个人，而是来自你周围的普遍文化。

我认为找到天赋的障碍就如同三个同心圆，“约束圈”的三个圆圈由内向外分别是：个人、社会和文化。

THE ELEMENT | 用牙齿咬住画笔

如果回顾查克·克洛斯（Chuck Close）的人生，我们会发现其中一些有趣的地方。当他还是个孩子的时候，他的老师和同学都认为他是一个懒鬼。同学们这样认为，是因为他的身体不好，使得他运动成绩很差，甚至连最基本的操场游戏也表现不佳。老师们这么认为，是因为他在考试中的成绩总是差强人意，他看起来懒懒散散，很少能够完成考试题。后来的事实证明，克洛斯有阅读障碍，但在他更小的时候并不存在这个问题。在许多旁观者看来，查克·克洛斯从未在生活中努力做过一件事情，大多数人也觉得他做不到。

除了学习障碍和身体疾病，克洛斯比任何小男孩都还要面临着更多的人生悲剧。他的父亲频繁地搬家，在查克 11 岁的时候就去世了。在这个时候，他身为古典钢琴家的母亲被查出患上了乳腺癌，难以负荷的医药费让他们失去了家庭。与此同时，他的祖母也病得很严重。

支撑克洛斯度过这一切难关的是他对艺术的热爱。“我认为，在我很小的时候，是艺术能力让我变得与其他人不一样了，”克洛斯在一次采访中说，“在艺术之中，我能感觉到强大，艺术就是我可以依靠的东西。”他甚至创造了新的方法来玩艺术，以此突破现实生活中的种种限制。他创造了木偶剧和魔术表演，即他所谓的“娱乐部队”，并邀请其他孩子跟他一起玩。他用精致的艺术作品当家庭作业，以此告诉老师：他不是一个“逃避的人”。

最终，克洛斯对艺术的兴趣和创造性的天赋让他成了美国文化界的一位奇才。他从华盛顿大学毕业，并在耶鲁大学获得硕士学位。而早些时候他的老师还告诉他，进入大学对他来说是不可能的。后来，克洛斯开始了让他成为美国最著名艺术家的职业生涯。他的典型风格是用网格构建出巨大而逼真的面孔图，充满了质感和表情。这种风格吸引了世界各地媒体的广泛关注，他的画作挂在了世界各地的顶级博物馆里。通过不懈的努力和对工艺的淬炼，查克·克洛斯最终克服难以想象的限制，找到了他的天赋，实现了职业生涯的巅峰。

但这还只是故事的开始。

1988 年，克洛斯在纽约举行的一个颁奖典礼上发言时，突然感觉到了自己体内的异样。他去了医院，短短几个小时后，他就变成了一个四肢瘫痪、脊柱内有血凝块的病人。就这样，一个伟大的艺术家却可能再也无法握住画笔了。早期康复的努力令人沮丧，充满了致命障碍的生活即将最终扼杀他的志向。

然而有一天，克洛斯发现可以用牙齿咬住画笔，这样足以画出一些小图像来。“我突然充满了信心，”他说，“我努力想象，这么小幅的运动能创造出什么样的微小画作来。我试图想象那些画的样子。哪怕是一点颈部的运动，就足以让我觉得自己没那么无能。也许我还是可以做自己热爱的事情。”

克洛斯能做到的就是创建一种全新的艺术形式。在后来恢复了一点上臂运动时，克洛斯就开始使用丰富的颜色画小型画，组合在一起形成一幅巨型马赛克图像。他的新作品和他之前的作品一样受欢迎，甚至为他赢得了更多的赞誉和更大的名声。

查克·克洛斯的一生多灾多难，有着各种理由放弃艺术家的理想。但他选择了在每一次超越他生活的承受能力时，无论出现什么困难都捍卫自己的天赋。他不会让这些事情阻止他成为自己想成为的人。

突破个人的限制

为了追求自己热爱的事业，克洛斯用尽全力克服了身体上的障碍。而我们遇到过一些人也做了同样的事情，其中有些人甚至会让你吃惊。他们所面临的问题不仅是身体上的，虽然身体残疾会带来折磨和愤怒。他们还面临着残疾给自我心态带来的问题，以及他们感受到的别人对他们残疾的态度，以及这些态度带来的问题。为了克服这些生理和心理障碍，一些残疾人必须拥有巨大的自信，以及能做到他人绝对能做到的事情的决心。

坎兜口（CandoCo）是一个专业的现代舞蹈公司，总部设在英国，其中包括各类残疾和健全的舞者。多年来，这家公司的舞者包括单肢和双截肢者，因下身瘫痪坐在轮椅上的人，以及存在各种生理限制的人们。成立于 1982 年的这家公司的愿景是激发观众，支持参与者“实现他们的最高愿望，实现公司人人皆可起舞的宗旨”。坎兜口旨在通过表演、教育和培训项目，拓展大众对舞蹈的认知。公司的董事会说，坎兜口一直志存高远，他们追求“高质量的运动，高度完整的舞蹈是一种艺术形式，而作为舞者，我们对自己的表现也预期颇高。我们的重点是舞蹈而不是残疾，强调的是专业精神而非治疗”。作为涉及舞蹈、戏剧、音乐等领域的“综合”公司之一，他们的志向已经通过众多专业舞蹈评论家和世界各地舞蹈节中评出的奖项实现了。

“过去曾有人说过，要真正欣赏坎兜口舞蹈团，”一位评论家写道，“人们应该抛弃对舞蹈的一切传统观念。为什么足尖没有快速而清晰的步法？为什么动作不整齐划一？他们的表演将生理上的完美和完整扔出了窗外，取而代之的是残缺的身材，以及比健全舞者稍显不足的天赋……那些指望坎兜口舞者用特技拐杖和轮椅对抗地心引力的人将会非常失望。他们的表现是一种视觉和心理冲击，不是一个巴掌打在脸上的那种，而是萦绕在心头和脑海的那种，是挥之不去的温暖和爱。”

无论你是否有生理残疾，态度都是你发现自己天赋过程中无比重要的因素，成为自己的坚强意志是无法消灭的力量。没有它，即使是拥有完美身形的人也会处于相对弱势。在我的经验中，大多数人都不得不面对自我怀疑和恐惧的内心障碍，这种障碍并不比外部环境中的小。

在全球市场蓬勃发展的自助课程和书籍里，这些焦虑的强度是很清楚的。对我来说，最好的一本是苏珊·杰菲斯（Susan Jeffers）的代表作《战胜内心的恐惧》（*Feel the Fear and Do It Anyway*），它已被翻译成35种语言，累计售出了几百万本。在这本书里，杰菲斯充满激情、文笔流畅地写出了令人心惊胆战的恐惧如何让如此多的人无法实现充实、对世界有所贡献的人生。这些恐惧包括恐惧失败、恐惧不完美，恐惧被人发现自己的理想、恐惧遭到反对、恐惧贫穷以及恐惧未知。

恐惧也许是你发现天赋过程中最常见的障碍。你可能会问：它什么时候会影响你的生活，阻止你尝试你特别想做的事情？杰菲斯博士提供了一系列从恐惧到实现的完善的测试技术，而最强大的部分已经体现在书的标题中了。

挣脱社会的偏见

害怕遭到反对、害怕被人发现自己的理想，往往就发生在我们与身边人的相处中。你的父母和兄弟姐妹，可能还有你的伴侣和孩子，他们或许对于你的人生应该和不应该做什么有着强烈的意见。当然，他们可能是对的，可能在鼓励发展你真正天赋的过程中担任着有积极作用的咨询师。然而，他们也可能是非常错误的。

人们可能出于各种复杂的原因希望主宰别人的生命。你选择了不同的人生道路，可能无法满足他们的利益，或者可能导致了他们无法承受的复杂局面。无论是什么原因，阻止你做你热爱的事情，或者阻止你寻求自己的热情的人都可能在他们的心灵深处有着挫败感。

你可能并没有意识到别人的生活，只会发现自己陷在一个自给自足的社会角色和社会期望网络中，而这个网络形成了你的理想的隐形边界。**许多人找不到他们的天赋，就是因为缺乏鼓励和信心走出他们已经建立的关系圈子。**

当然，有时候，你爱的人也会觉得你在浪费时间和天赋做一些他们不喜欢的事情，这是保罗·科埃略（Paulo Coelho）遭遇的事情。我要提醒的是，他的父母绝对不只是反对他的兴趣，他们还让他反复接受一个精神病机构的电击疗法，“因为他们爱他”。而下次如果你因为责骂孩子感到内疚时，你可能会因为自己没有像科埃略的父母那么残忍而感到些许安慰。

科埃略的父母之所以要对他进行治疗，是因为他在十几岁时就痴狂地想成为一个作家。而他的父母认为这是浪费生命，给出的让步是让他在业余时间进行一些写作。在父母眼中，科埃略真正的未来是成为一名律师。然而他仍在继续追求文学，这让他的父母觉得他们别无选择，只能将他送去精神病机构，驱散他脑中这些毁灭般的想法。“他们想帮助我，”科埃略说，“他们有自己的梦想。我想做这个，但是我的父母对我的人生有着不同的规划。有一些时刻，他们甚至因为无法控制我而感到了绝望。”

科埃略的父母先后三次将他送进了精神病院。他们知道自己的儿子非常聪明，坚信他会有一个前途光明的职业，因此觉得必须做些什么把他带回到正确的轨道上。然而，即使是这样极端的干预，都没能阻止保罗·科埃略坚守他的天赋，他还是选择了继续写作。

科埃略的父母是正确，他一定会前途璀璨，但与法律行业无关。科埃略的小说《炼金术士》（*The Alchemist*）是一本全球畅销书，在世界各地的累计销量达到 4 000 多万册。他的书已经被翻译成超过 60 种语言，是历史上最畅销的葡萄牙语作家。他的创作还延伸到了电视、报纸，甚至流行音乐领域，还为几首巴西摇滚歌曲填写了歌词。

保罗·科埃略完全有可能成为一名优秀的律师，但他的梦想是写作。即使他的父母非常努力想把他纠回“正确的轨道”，他依然专注于自己的天赋。我们很少有人会像保罗·科埃略那样，面临巨大的家庭压力。但许多人会遇到家人和朋友的劝阻：“不要选舞蹈，你是无法以舞蹈谋生的”“你擅长数学，你应该成为一名会计师”“如果你要学哲学，我是不会支付你学费的”等。

当亲近的人阻止你选择某一种人生时，他们通常认为这么做是为你好。虽然其中存在一些不那么高尚的原因，但大多数人都认为他们知道什么是最好的。事实上，普通的上班族确实可能比爵士乐小号手有更多的经济保障。但是，如果你没有完成对自己而言很重要的东西，你很难感觉到自己是完整的。同样，如果让你觉得自我不够完整，那些“为你好”的事情也不是真的对你好。

为了安全起见，选择阻力最小的路径似乎是顺理成章的，特别是当你对其他选项心存疑虑和恐惧的时候。这样做对于一些人来说，似乎更容易避免冲突，也更容易得到父母、兄弟姐妹或者配偶的支持。但并非所有人都是如此。

这本书里的另一些人必须摆脱他们的家庭，至少是在一段时间内，才能成为他们必须成为的人。他们选择了更不容易的那条道路，也付出了人际关系问题、紧张的家庭氛围等代价。在科埃略的个例中，即使有着损失脑细胞的风险，他最终也在相当大的程度上获得了自我实现和成就。他们每个人都在努力权衡，在不顾亲人反对和放弃自己的梦想之间抉择。

冲破自我怀疑的困境

20 世纪 60 年代，阿里安娜·赫芬顿（Arianna Huffington）还是一个生活在希腊的十几岁孩子。在翻阅一本杂志时，她看到一张英国剑桥大学的照片。那时她只有 13 岁，但她当场决定，自己一定要去剑桥大学读书。但她周围的每个人都说，这个想法太荒谬了，包括她的朋友和她的父亲。她是一个女孩，那里学费很贵，她在那里没有任何关系，那可是世界上最负盛名的大学之一。没有人把赫芬顿的理想当回事，除了她自己，以及另一个人。

赫芬顿的妈妈决定，如果女儿的梦想有一点点可能，她就必须让它实现。她做了一些调查，得知赫芬顿可以申请奖学金。她甚至发现了一些廉价机票，“我们可以去英国亲眼看看剑桥大学。这是我们现在能够亲眼所见的一个完美例子”。经过一次长途飞行后，她们到达了伦敦，在剑桥大家参观期间，整天在下雨。赫芬顿和她的母亲在校园里没有见到任何人，她们只是到处走走，想象在这里上学是什么样的感觉。在那之后，赫芬顿的梦想被强化了，一达到申请标准她就开始申请了。

让赫芬顿感到惊喜的是，剑桥大学接受了她的申请并给了她奖学金，当然这也让每个人都大跌眼镜，除了她母亲。16 岁时，赫芬顿搬到了英国，并从剑桥大学毕业，获得了经济学硕士学位。21 岁时，她成为剑桥学生会著名辩论社团的第一位女性主席。

阿里安娜·赫芬顿现在定居美国，是 11 本历史文化和政治著作的作者，一位全国性刊物的专栏作家，美国公共广播电台广受欢迎的政治圆桌会议节目《左、右、中》（*Left, Right & Center*）的联合主持。2005 年 5 月，她推出了“赫芬顿邮报”，一个已经成为“阅读最广泛、引用频率最高的互联网媒体品牌之一”

的新闻博客网站。在 2006 年，《时代周刊》将她列于“全球最具影响力的100 人”之中。

对于自己的成功，赫芬顿知道，其中最大的障碍可能源于自我怀疑和其他人的反对，而且这种现象在女性身上尤其严重。“当我邀请女性为‘赫芬顿邮报’博客撰文，看到她们难以相信自己写的东西有价值时，甚至一些有所建树的作家也会如此认为，我常常感到非常震惊……而且这种现象太常见了。所以我在想，女性之所以不去尝试，是因为我们不想冒失败的风险。高估他人赞同的价值，使得我们变得不愿承担风险。”

> 对于获得权力和具备成为领袖的必要特质，女性依然存在着一种如履薄冰的担忧。如果我们真的掌握了权力，内心就会担心别人认为自己冷酷、强势或是咄咄逼人，这些都和我们的女性特质相违背。我们仍在努力克服对权力和女性特质此消彼长的恐惧。

赫芬顿说，她在早年追求梦想有两个关键因素。第一个是她并不真正理解自己的处境。“我第一次成为领袖的经验，发生在我身为不知情的局外人的情境下，也就是我在大学里成为剑桥学生会辩论协会主席的时侯。我从小在希腊长大，从来没有听说过剑桥大学学生会、牛津大学学生会，也不知道这两者在英国文化中的地位，所以我没有被那种可能阻止英国女孩争取这一位置的想法拖后腿……我通过这种方式开启离开家后的英国生涯算是非常幸运。但是其中也存在问题，我常常因为自己的口音被别人嘲笑，并被自诩幽默的人调侃。但这也教会我，相对于克服我们的自我评判、内心的恐惧，克服他人的评价是更容易的。”

第二个因素是她母亲的坚定支持。“我认为，如果没有我母亲，我不可能有现在的任何成就。我妈妈给了我一个安全的港湾，也就是说，不管发生什么事，无论成功还是失败，她都一直在那里。她教给我的东西我也希望能够教给我的女儿，这种感觉就像我向往一颗星球，虽然知道自己无法到达，但她对我的爱也不会变少。她让我了解到，失败是人生的一部分。"

群体并非总是对的

无论是积极的还是消极的，父母和家庭对我们的影响都非常强大，但更强大的还包括朋友，尤其是当我们年轻的时候。我们无法选择自己的家庭，但可以选择朋友，而且我们经常将朋友作为家庭以外扩展自我认同的途径。因此，符合朋友和其他社会群体的标准和期望的压力会很强烈。

朱迪丝·里奇·哈里斯（Judith Rich Harris）是一位根据朋友和同侪群体的影响，来研究年轻人的发展心理学家。她认为，有三种塑造个人发展的主要力量，个人气质、父母以及同伴。哈里斯认为，同龄人的影响比父母的影响更大。"孩子与同龄人分享的世界，"她说，"塑造了他们的行为，修正了他们与生俱来的特质，因此决定了他们长大后会成为什么样的人。"

孩子了解应该如何行动，是通过对群体的认同，对群体态度、行为语言和服饰风格的采纳实现的。"他们中大多数人会自觉自愿地这样做。他们想和同龄人一样，一旦有什么奇怪的想法，同伴就会迅速提醒他们对异类的处罚，正如枪打出头鸟。"

打破规则必然导致我们在群体中赫然独立，所以我们可能会否认自己内心深处的热情，以此跟同龄人保持一致。在学校里，我们可能会掩盖对物理的兴趣，因为别人都觉得它不酷；我们整个下午都在打篮球，虽然自己真正想做的是掌握五种酱汁的做法；我们闭口不提自己喜欢嘻哈，因为一起旅行的人认为喜欢嘻哈是“低俗”的。**要想发现自己的天赋，取决于你是否能走出圈子的限制。**

肖恩·卡特（Shawn Carter，现在被称为 Jay-Z）出生于纽约布鲁克林的一个住宅区，他是同时代最为成功的音乐家和商人，也是全球几百万人心中的偶像。要达成目前的这些成就，他首先不得不面对的，是在布鲁克林街一起长大的朋友和同伴的反对及质疑。“当我离开的时候，大家都说我疯了，”卡特这样描述他成功的早期情景，“我在那片儿混得不错，有些粉丝。但有人会说：‘这些说唱歌手都不是什么好东西。他们就是录唱片、到处旅行，不顾家人，挣的钱全被白人拿走了。’于是，我决定做点不一样的事情。”

卡特的偶像是音乐企业家拉塞尔·西蒙斯（Russell Simmons）。而现在，和他的偶像一样，卡特现在也领导着一个多元化的商业帝国，这个帝国是基于他的音乐成就发展起来的，但已经远远超越于此，包括了服装生产线和唱片厂牌。这一切为他带来了巨大的个人财富，也使他重新赢得了布鲁克林许多朋友的尊重，但他曾经不得不离开这些朋友，去追求自己的人生。

在极端的情况下，同侪群体可能会陷入心理学家欧文·贾尼斯（Irving Janis）所谓的“群体思维”（groupthink），这种思维模式发生在“当人们深度参与一个有凝聚力的内群体，当成员追求一致的动机已经超过理性评估其他行动方案的时候”。**有一种普遍的观点是：群体的选择总是不会错的，也就是说，代表了大部分人的决策或方向，自然就是合理的，即使你的直觉认为并非如此。**有几个著名的，有些则是臭名昭著的关于群体思维影响的实验，包括心理学家所罗门·阿希（Solomon Asch）的从众实验。1951 年，阿希召集了 8 ~ 10 组大学生，告诉他们即将参与一个视觉感知实验。但每组中有一个学生是知情者，他们了解实验的意图，根据指示，他们大部分时间里都要给出错误答案。真正的实验被试会在听到其他人的答案后给出自己的答案。

阿希首先给学生们展示一张上面画有一根线的卡片，接着他会呈现出另一张卡片，上面有三条不同长度的线，然后要求参与者回答，三条线中的哪一条和第一张卡片上线条的长度相同。答案很明显，但被安排的一个学生被阿希要求回答是另一根线。轮到真正的被试回答问题的时候，就可以观察到群体思维的影响。在大多数情况下，被试每轮至少都有一次会选择与别人一样的回答，尽管视觉上明显不是这样。之后的采访中，大多数被试都说，他们知道自己给出了错误的答案，但他们这样做是因为不想被孤立。“从众的倾向在我们的社会中是如此强大，”阿希写道，“这群聪明善良的年轻人甘愿颠倒黑白。这个问题很重要，它对我们的教育方式和指导我们行为的价值观提出了质疑。”

管理学作家杰瑞·哈维（Jerry B. Harvey）举出了另一个著名的例子，被称为“阿比林悖论”（Abilene Paradox）。故事是这样的，在得克萨斯州科尔曼地区一个炎热的下午，一个家庭在门廊愉快地玩着多米诺骨牌，直到岳父建议大家去阿比林旅行，向北行驶 85 公里去吃晚饭。哈维写道：“妻子说：‘这是一个好主意。’尽管丈夫觉得车程漫长又炎热，不想去，但他觉得自己的想法肯定会跟其他人不一样，所以他说：‘我也觉得不错。但愿你母亲也愿意去。’接着岳母说道：‘我当然想去！我很久没去过阿比林了。’于是，他们出发了，车里很热，路上尘土飞扬，漫长而煎熬。当他们到达餐厅后，食物也糟糕透了。4 个小时后，他们回到家里，一家人精疲力竭。但还会有人违心地说：‘这次旅行太棒了！不是吗？’”

岳母说，实际上，她宁愿待在家里，她之所以去是因为其他三个人都对此很热情。丈夫也说:‘我也不想去。我只是为了满足你们几个人。’妻子说:‘我只是想让你们开心，这么热的天想出去玩我真是疯了。’岳父则说，他提出建议只是因为他觉得其他人很无聊。

最后，这一家人坐在一起，为他们进行了一次根本没人愿意去的旅行感到困惑。他们每个人都宁愿舒舒服服地坐在家里，但当他们还能享受那个下午的时候，却没有一个人愿意承认这一点。

这是群体思维影响的一个善意而戏剧性的例证。小组的每个成员都同意做一些他们不想做的事情，因为他们认为其他人一定会这样做。但结果是，没有人乐意这么做。

让群体思维决定我们的未来也会带来不愉快，更重要的是会带来不愉快的结果。上物理课一点都不酷、打篮球比学习厨艺更好、嘻哈音乐很低级的群体观点，不仅对个体而言会适得其反，对群体亦然。或许就像“阿比林悖论”，圈子里的其他人虽暗自有着不同的意见，但由于害怕被群体孤立，都做出了自己不情愿的选择。由此可知，群体思维可能会毁掉整个群体。

发现天赋的主要障碍常常出现在学校。一部分是因为学科的等级结构，这意味着许多学生从来没有发现自己真正的兴趣和天赋。但在一般的教育文化中，不同的社会群体会有着不同形式的亚文化。对于一些群体来说，学习本身就不酷。如果你学科学，你就是一个怪胎；如果你学艺术和舞蹈，你就是没出息。而对于其他一些群体来说，学这些东西则是必须的。

群体的力量在于，它可以维护其成员的共同利益，而群体思维的危险性

在于，它会剥夺成员的个人判断，统一思想、一致行动。在这方面，学校里的人就像一群鱼一样。

你可能看到过一大群鱼排列紧密地在水里穿梭，它们可以像一个整体一样瞬间改变方向。也许你曾经看到过成群的昆虫飞过天空，同时俯冲而下，或形成像云一样的旋涡。这些景象令人印象深刻，看上去似乎是可以控制的智能行为。但以人类的角度来看，单个鲱鱼或蚊子并没有自由意志。只要它们成群出现时，我们不可能知道它们在想些什么，但我们知道，它们成群运动时就像一个单一的生物。研究人员目前对这种现象是如何发生的有了进一步了解。

鱼群能整齐划一地改变方向，有可能是因为它们在跟随着自己可感知到的周边鱼的运动。所以，看似是一个精心编排的伟大杰作，其实可能就是一个跟着领袖走的盲目行为，无非看起来更优雅而已。为了说明这一点，现在有计算机程序已经可以模拟昆虫和鱼群运动，其准确性之高令人惊讶。

类似的原则似乎也驱动着地球上历史最悠久、最成功的生物——蚂蚁。如果你看到一只蚂蚁在你家的厨房地板上漫无目的地游荡、寻找食物，你可能无法感知到一种高度发达的智力正在运行。蚁群是有关效率和成功的一个奇迹，它们完全依赖于所谓的群体智慧，目前有大量的研究正在探索其本质。但目前我们还没有完全了解蚂蚁是如何形成这么复杂的团队合作的，研究人员只是知道，蚂蚁是凭借着对自己的具体角色的军人般的精确执行来实现群体目标的。

例如，在它们寻找食物时，会有一只蚂蚁负责开路，沿途留下踪迹的信息。下一只蚂蚁也会沿着这条路，留下自己的痕迹。这样一来，蚁群就会发现食物来源，并将其搬回自己的蚂蚁窝。每只蚂蚁的工作都朝向总体目标，虽然没有一只蚂蚁领头。事实上，蚁群内部似乎没有任何等级结构，蚁后的唯一功能就是产卵。鱼、蚂蚁、蚊子和大多数其他生物都采用的是这种群体协调模式，主要是出于保护、安全、交配、生存，以及获得食物等需求，从而避免使自己成为食物。

这一点与人类非常相似，我们也因为同样的本质和初衷组成群组。人类群体的优势在于：我们可以从中获得极大的支持。而不利的一面在于，群组鼓励思想和行为上的一致，但天赋本质上是发现自己的过程。**如果被困在群体的旋涡中，你就无法发现天赋。你不可能在蚁群中做自己。**

跳出文化的约束

除了我们从家人和朋友身上感受到的具体社会约束，还有其他隐含在普遍文化中的其他约束。我将文化定义为可以用来区分不同社会群体的价值观和行为模式。文化是一个许可系统，它是不同的社区中可接受和不可接受，准许和不准许的一系列态度和行为。如果不理解文化代码，你就可能会表现得很糟糕。

我会永远记得我在加州马里布海滩看到的那个文化系统极其混乱的男人。他大摇大摆地走到我们中间，意想不到的视觉冲击让整个海滩的陌生人形成了一个联盟。那个男人大约 40 岁。我猜他是某个公司的高管，在某些特定的场景里，他一定是一个光鲜的人物，但在这里却完全不是这样。在沙滩这样一个运动和体育盛行的地方，他脸色苍白、毛发旺盛，松弛的身体明显表明，他整天都坐在办公桌前和夜晚酒吧的高脚凳上。对一个普通男人来说，这些倒还可以原谅，最不能容忍的是，他居然穿着豹纹的尼龙丁字裤。

丁字裤勒着他的腹股沟，看起来像一个氧气面罩。充满弹性的线条紧紧地绷在他的腰部和光溜溜的屁股上。他在海滩上闲庭信步，所有人都盯着这个墨西哥式的沙滩奇葩，他为此还有些沾沾自喜。这个男人完全沉浸在自以为是的美好形象里：他充满肉体魅力和性感魔力地沐浴在明亮的阳光与世人的艳羡之中。但事实是，大多数人并不这么觉得。我听到周围有人在说："他起码应该打点蜡吧。"

为什么我们所有人都觉得他滑稽可笑呢？不仅是因为他对自己的魅力过分地高估了，也因为他完全脱离了环境。这种穿着和态度可能在法国南部可行，但在马里布，由于各种原因，就变成错误的了。加利福尼亚海滩上的男人们有着不言而喻的规矩。肥胖的身体和松弛的肌肉还过得去，但光溜溜的屁股就难以接受了。而美国各地都有这种好色和拘谨混合的奇特产物。

在那次偶遇不久之后，我和妻子去了巴塞罗那。这个城市的中心就有着勾勒出海湾的沙滩，每到夏季的午餐时间，当地的青年男女就会冲出办公室，去海滩晒日光浴，裸着上身穿着丁字裤。由此可见，这种情景在西班牙完全可以接受。如果有人穿着齐膝短裤和 T 恤反而会让人觉得很奇怪。

所有的社会文化都会形成我所描述的"传染行为"（contagious behavior）。最好的例子之一就是语言，尤其是口音和方言，这些都是模仿和从众的绝佳例证。如果有人出生并成长在苏格兰高地或蒙大拿荒地，而他们讲的英语却不是当地方言或没有口音就会很奇怪。当然，如果一个那里的孩子天生说的是法语或希伯来语，我们也会非常惊讶。但是，如果孩子以不同于其他人的方言或口音说当地语言，我们也会感到意外。孩子的天性是复制和模仿，随着他们的成长，他们不仅能学习自己听到的声音，也包括这些东西表达的情感和传递的文化。语言承载着文化的基因。当我们学习一门语言、口音和说话的方式时，我们也在学习思考、感觉和其他相关的东西。

人类所处的文化环境不仅会影响我们的价值观和视野，还会影响我们的身体，甚至可能塑造我们的大脑结构。语言就是一个典型的例子。当在学习说话的时候，我们的嘴巴和发声器官会适应我们所说的语言。如果你在成长过程中只说一种或两种语言，那么长大后从生理上就难以发出其他语言的声音，或者其他文化中的特殊发音，比如法语中的喉音、西班牙的咬舌音，或者一些亚洲语言中的音调变化。每学习一种新的语言，我们就可能不得不重新训练自己的生理系统来理解并发出新的声音。而文化的影响可能更加深远，甚至可以改变大脑的生理结构。

在过去的几年里，已经有一系列研究深入探索了东西方人的视觉感知差异。这些研究表明，成长环境中的文化会通过影响我们对周边世界的观察来影响我们的基本认知过程。在其中一个研究里，西方人和亚洲人被要求观察一系列照片并描述自己看到了什么，图片中的内容有着一些十分明显的差异。从本质上讲，西方人往往更关注图片的前端图形和他们所认为的主体，而亚洲人更关注整个图片，包括不同元素之间的关系。例如一张图片的内容是丛林里有一只老虎。当西方观察者被问及看到什么时，他们通常会说："一只老虎。"这本书的西方读者也会觉得这很合理。而亚洲的观察者们通常会说："图片显示丛林里有一只老虎。"或者"这是一只老虎在一片丛林里"。这种差异很显著，与西方和亚洲在世界观方面较大的文化差异不无关系。

亚洲艺术品中往往较少出现在西方艺术中很常见的肖像画和强调个人主体的作品。在亚洲文化中则较少强调个人而较多突出集体。西方哲学从古希腊时代开始就在强调批判性推理、逻辑分析，以及对想法和事物进行分类的重要性。相比之下，中国哲学不是建立在逻辑和演绎推理基础上的，而更倾向于强调关系和整体论，这些感知的差异可能会导致不同的记忆和判断。有多项研究表明，随着时间的推移，这种差别也会导致大脑结构的差异。

美国伊利诺伊州和新加坡的研究人员让年轻和年老的志愿者看一系列不同主题和背景的图像时，监测了他们在这个过程中的大脑活动。通过使用功能性磁共振成像（fMRI），他们将监测集中在被称为“外侧枕叶复合体”（lateral occipital complex）的大脑区域，这个区域主要负责处理视觉信息。研究中，年轻人呈现出了类似的大脑活动，但在老年组中，东西方的志愿者之间出现了明显的神经差异。西方老年人的外侧枕叶复合体总体保持活跃，而亚洲参与者的反应只达到了最低水平。

迈克尔博士（Dr. Michael Chee）是新加坡认知神经科学实验室的教授，也是这个研究的合作者。他总结道：“参与处理背景和对象的这一大脑区域，因为两组老年人来自不同地理区域，不同文化背景而被不同程度地激活了。”丹尼斯·帕克博士（Dr. Denise Park）是伊利诺伊大学的心理学教授和这个研究项目的高级研究员。在她看来，这些不同的结果可能是因为东亚文化“更有互依性，而个人也花了更多的时间来观察环境和他人。而西方人注重个人和中心主体，因为西方文化往往是独立性的，更关注自我而非他人”。帕克说，这些研究表明文化可以塑造大脑。

这种情况是否会发生，以及在多大程度上会发生，正吸引着更多领域的研究者。而目前已经清楚的是，**我们看到的世界不仅是我们认为自己所看到的世界，而且是受文化影响的世界**。文化对人们的影响是不知不觉的。

逆流而上

引用文化人类学家克罗泰尔·拉派尔（Clotaire Rapaille）的话来说，所有文化中都有一本不成文的“生存指南”。规则和纲领对大多数人来说是可见的，除了穿丁字裤的人，即便是那些从一种文化环境转移到另一种文化环境中的人们，也可以相对容易地察觉到不同的规则和原则。这种“生存指南”来自一代又一代人对具体文化氛围的适应。但是除了帮助人们在文化中生存发展，它同时还制定了一系列限制。这样的限制可能会抑制我们抵达自身的天赋，因为我们热爱的事物并非永远合乎周围的文化。

伟大的社会运动都是在边界被打破时爆发的。摇滚、朋克及嘻哈音乐和其他伟大的社会文化变革的能量，通常来自寻找其他人生路径的年轻人。年轻人的反叛经常通过独特风格的言行和着装表现出来，而这在努力脱离主流文化而形成的亚文化群体中，却通常是主流和保守的，正如穿着阿玛尼西装你就很难做一个嬉皮士了。

如果个体热爱的东西和环境相冲突的话，包括亚文化在内的所有倾向性，都体现着压抑个体找到天赋的限制性系统。有些人出生在一种文化中，最后却适应了另一种文化，因为他们喜欢后一种文化中的情感和生活方式，喜欢让自己成为一个跨文化的人：一个法国人可能成为一个亲英派，或是一个亲法的美国人。跟改变宗教信仰的人一样，他们会更热衷于自己适应的文化，而不是出生时的文化。

对于想自己经营一个小店，并认识周围所有人的人来说，城市文化可能不是最好的选择。美国文化的核心并不欢迎那些希望成为严肃政治漫画家的人。这也是为什么鲍勃·迪伦不得不离开希宾镇，为什么阿里安娜·赫芬顿想离开希腊的原因。找到你的天赋，有时需要你为了实现目标脱离本土文化。

鱼群、昆虫群和人群的传染行为都是由物理距离的接近引起的。在人类历史上的大部分时间里，文化身份也是通过跟离我们最近的人直接接触形成的，如村庄或是当地社区。而人类历史上的大型运动，如入侵、战争和贸易，都使文化思想得到了传播，这是将不同的语言和生活方式强加给其他社会的主要方式。

所有这一切在过去全球通信大发展的200年里，已经发生了不可逆转的变化。我们现有的传染行为模式在互联网上会形成巨大的规模，上千万来自世界各地的网民的线上第二生命可能影响他们每个人的思考方式，并被赋予新的虚拟身份和角色。

我们中的许多人现在生活得就像俄罗斯套娃一样，身上套着多重文化身份。举个例子，我最近读到一段有趣的文字：现在的英国人“就是开着德国车回家，路上买一些比利时啤酒、土耳其烤肉或印度外卖，晚上坐在用瑞典家具装修的家里，看日本产的电视上播的美国节目”。而最英国的人是什么样的？“怀疑其他任何国家”。

当代文化的复杂性和流动性可以轻易改变环境，脱离群体和刻板印象带来的压力，而这也可能带来深刻的混乱和不安全感。我要说的不是像“不要让任何事情妨碍你”那样简单的论调。家人、朋友、文化，以及我们在人类社会中的角色对我们的成就感都很重要，我们对他们负有特定的责任。**我真正想说的是，寻求你的天赋时，你可能会面临一种或多种限制：个人、社会和文化。**

最后，问题来了：“你愿意为此付出多大代价？”天赋当然会带来巨大的回报，但你为了这些收获也可能要承担某些强烈的反对意见。

能否发现天赋从根本上取决于我们对自己的看法，以及我们对自己生活中发生的事件的看法。天赋也是一个态度问题。

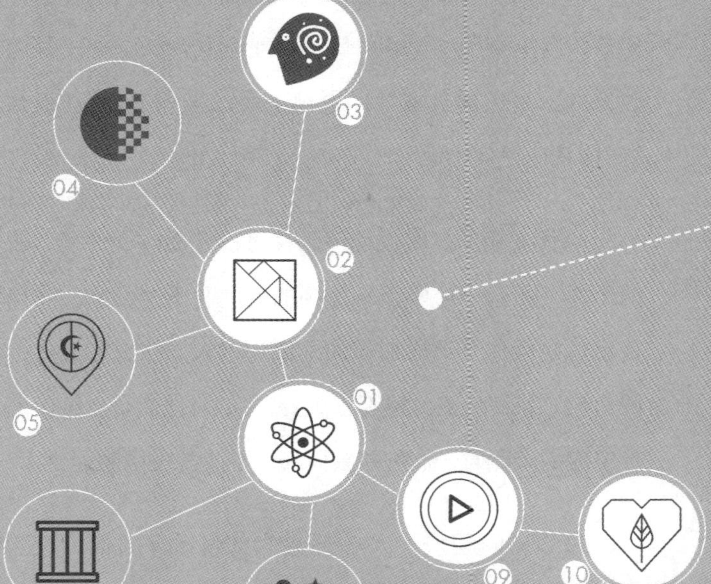

THE ELEMENT

07 幸运源自你的态度

How Finding Your Passion Changes Everything

有所擅长和热爱对发现天赋来说至关重要，但仅仅如此是不够的。**能否发现天赋从根本上取决于我们对自己的看法，以及我们对自己生活中发生的事件的看法。天赋也是一个态度问题。**

THE ELEMENT 一场爆炸诱发的革命

1931 年 10 月下旬的一个下雨天，当 12 岁的约翰·威尔逊（John Wilson）在斯卡伯勒男校走进化学课堂的时候，完全没有想到自己的生活将会彻底改变。那堂课的实验内容是，看加热容器里的水会让多少氧气泡浮出水面，而这所学校和世界各地的学校一样，做这个实验的历史已经很悠久了。只是这次老师给威尔逊的容器和别的学生不一样。不知为何，这个容器里总是有其他更容易挥发的元素。后来调查才发现，由于实验室助理的粗心大意，威尔逊的容器被贴上了错误的标签。威尔逊用本生灯加热时，容器爆炸了，玻璃碎片四溅，破坏了教室的某些区域，刀锋一样的碎片飞向了人群，有多个学生在这次事故中受伤。约翰·威尔逊也因此双目失明。

威尔逊在接下来的两个月都躺在医院里。在回到家后，他的父母试图找到一种方法来应对这场已经降临在他们生活中的灾难，但威尔逊并不认为这场事故就是毁灭。“它对我的打击算不上悲剧，”威尔逊曾在《泰晤士报》的采访中说道。他知道他仍有余生，也不打算活得卑微畏缩。他很快学会了盲文，并在受人尊敬的伍斯特盲人学院继续他的学业。在那里，他不仅学业出众，也成了一名颇有成就的桨手、游泳运动员、演员、音乐家和演说家。

从伍斯特学院毕业后，威尔逊去了牛津大学学习法律。因为没了盲校里那些为盲人学生提供的保护设施，他不得不应对校园和附近街道的车水马龙。不过他没有依靠手杖，而是使他免受伤害的敏锐听觉，他称之为“障碍觉”。在牛津大学，威尔逊获得了法律学位，开始为盲人研究所工作。然而，真正的使命还在等待他。

1946 年，威尔逊去英国在非洲和中东地区的属地去考察，他发现那里有大量的人失明。跟他因遭遇事故而失明的经历不一样，夺取这些人视力的疾病是可以通过恰当的医疗手段加以预防的。对威尔逊来说，接受自己的命运是一码事，而对于能轻易避免的灾难无动于衷就不同了。威尔逊回去后马上提交报告促成了英国盲人协会（British Empire Society for the Blind）的成立，就是现在的“视觉救助者”（Sight Savers International）。威尔逊本人担任这个组织的主席超过 30 年，并在他的任期内取得了令人瞩目的成就。

威尔逊的工作让他每年旅行超过 8 万多公里，但是他认为这是工作的一个重要组成部分，因为他相信，他需要出现在这个组织服务的所有地方。1950 年，他和他的妻子住在加纳的一间小泥屋里。加纳常被称为“盲人国”，因为这个国家 10% 的人口都因为昆虫叮咬而失明了。威尔逊和他的团队致力于研究俗称“河盲症”（river blindness）这种疾病的预防治疗。通过使用药物伊维菌素（Mectizan），使得接种的7个非洲国家的儿童都得到了根治。20世纪60年代初，绝大多数的河盲症都得到了控制。毫不夸张地说，一代又一代的非洲儿童都应该感谢约翰·威尔逊为他们的眼睛付出的努力。

在威尔逊的指导下，他所在的组织开展了300万例白内障手术，让1 200万人避免了失明的威胁。他们也保管着超过一亿人剂量的维生素A以防止儿童失明，同时，他们也在非洲和亚洲为盲人开展盲文教育。数千万人因为约翰·威尔逊的努力而获得光明。

威尔逊退休的时候，他和他的妻子全身心投入了“冲击计划”，这是世界卫生组织发起的一个项目，旨在预防所有类型的致残疾病。威尔逊在1975年获得了爵士勋章，此外，他还获得了海伦·凯勒国际奖（Helen Keller In- ternational Award）、艾伯特·施韦策国际奖（Albert Schweitzer International Prize）和世界人道主义奖（World Humanity Award）。直到1999年去世，威尔逊一直是活跃在预防失明和其他残疾领域的著名战士。

约翰·科尔斯在威尔逊的传记《失明和远见：约翰·威尔逊的生活和工作》（*Blindness and the Visionary: The Life and Work of John Wilson*）中写道：“无论以何种标准来看，他的成就完全能比肩其他伟大的人道主义者。”很多人也认为，他的成就可以和特蕾莎修女相提并论。

How Finding Your Passion
Changes Everything

许多人如果遭遇了威尔逊爵士面临的境遇，他们一定会抱怨自己的处境，认为自己是被厄运诅咒了，困在沮丧中而不会去尝试任何其他生命中重要的事情。然而，威尔逊始终认为，失明是“让人恼火的麻烦，而不是一种严重的疾病”，他在以最激动人心的方式表达着自己的态度。

约翰·威尔逊虽然失明了，但他却拥有了远见。他戏剧性的人生经历证明：**不是发生在我们身上的事情决定了我们的人生，而是我们能做到的事情决定了自己的人生。**

态度与天赋

举出他人发现天赋的例子其实是很冒险的，这些故事可能鼓舞人心，当然也可能令人沮丧。毕竟，这些人在某些方面实在是幸运：他们能做自己喜欢做的事情，而且擅长于此。人们很容易把他们的好运归结为运气，确实也是如此，很多从事自己喜欢的事情的人都说自己很幸运，就像那些不喜欢自己所从事的事情的人常说自己很倒霉一样。当然，一些“幸运”的人幸运地发现了自己热爱的事业，并有机会去追求它们。而那些“倒霉”的人总觉得自己身上发生了坏事事实是，所有人身上都会发生好的和不好的事情。**不是发生在我们身上的事情造成了各自人生的差异，造成这些差别的是我们对于那些事情的态度。**运气的想法强有力地解释了，我们的基本态度是如何影响我们发现，或者未能发现天赋的。

将自己描述成幸运或不幸的，会让我们觉得自己单纯是偶然环境的受益者或受害者。但如果发现天赋只是一个机会问题，那你能做的就是双手交叉、祈祷好运。但这真的不只有好运那么简单。研究和经验表明，**幸运的人往往是因为他们的态度创造了自己的好运气。**

在第 3 章中我们探讨了创造力的概念，它真正的含义是，所有人都可以创造和塑造超越常规的个人生活。那些等待好事发生的人真的只能坐等幸运降临在他们头上了。我在这本书中讲的所有人都在积极“创造幸运”。他们所拥有的态度和坚持不懈的行为，既能让他们得到机会，也让他们具备了把握机会的信心。其中之一就是用不同方法看待事物的能力。我们能够感知什么，即我们的认知范围和我们实际感知到的是有区别的。正如我在上一章中提到的，人们对周围世界的知觉存在着显著的文化差异。即使是相同文化取向的两个人，看到同一个场景，也可能会有截然不同的看法，这取决于他们的先见和使命感。畅销书作家和顶尖的演说家安东尼·罗宾斯（Anthony Robbins）用一个简单的活动说明了这一点。他在为期三天的研讨会中，让成千上万的参与者环顾四周，数数他们可以看到有多少件绿色衣服。几分钟后他会向大家搜集答案。然后他就会紧接着问他们看到了多少件红色的衣服,大多数人就回答不上来了，甚至不接茬，在这个过程中，大家都因为罗宾斯告诉他们要寻找绿色衣服，就只专注于了一种颜色。

心理学家理查德·怀斯曼（Richard Wiseman）在他的著作《幸运配方》（*The Luck Factor*）中,研究了400个非常“幸运”和非常“不幸”的人。怀斯曼发现，那些认为自己很幸运的人们表现出了类似的态度和行为，不幸的人们则往往会表现出相反的特征。

怀斯曼从中确定了幸运者的四个特点。首先，幸运的人往往会在最大程度上争取机会。他们尤其擅长创造和发现机会，并为这些机会而努力。其次，他们往往能有效地听从自己的直觉，并做出能让他们天生的能力最大限度发展的努力，比如冥想。再次，幸运的人往往期待好运，并创造一系列自我实现的预言，因为他们总是处于期待积极结果的状态。最后，幸运的人有一种能让他们从颓势转向幸运的态度。在不顺利的时候，他们不会让厄运击垮自己，总是能迅速采取行动控制局势。

怀斯曼博士进行了一项实验，检验知觉在幸运中起到的作用。他在一个咖啡馆里安排了一群演员，让他们表现得就像平常在咖啡馆里一样。然后，他把一张5英镑的钞票放在咖啡馆外面的人行道上。接着，他让一个“幸运”的志愿者前往咖啡店。这个“幸运”的人看到了地上的钱，捡了起来，走进咖啡店后，为自己和旁边的陌生人点了一杯咖啡。接着，他就和陌生人聊了起来，并最终交换了联系方式。

接下来，怀斯曼博士又让一个“倒霉”的志愿者去了咖啡馆。这个人也注意到了地上的5英镑，也买了咖啡，但没人跟他交流。之后，怀斯曼问两个被试那一天有没有什么幸运的事情发生。幸运的人谈到他捡了钱，还认识了一个新朋友，而那个倒霉的被试却什么也想不起来。

让自己接触到新机会的方法之一，就是有意识地在日常情形中产生一些新的看法。这样做可以让一个人看到世界充满可能性，并利用那些他们觉得值得一试的可能性。罗宾斯和怀斯曼向我们展示的是，如果我们的关注点过于狭隘，就会错过周围环境的其余部分。

人生的另一种可能

另一种能产生我们很多人所认为的“幸运”的态度是重构的能力，即观察与预期不符的情况，并将其转化为有益的东西。

如果我的人生轨迹有不同的路径，我决不可能写这本书，你也就不会读到它了。我可能会在英格兰经营一家运动主题酒吧，招待那些愿意听我讲述辉煌足球生涯的客人。我在利物浦的一个大家庭中长大,有很多兄弟和一个妹妹。我父亲是一个业余的足球运动员和拳击手，就像我的大家庭中的所有人一样，他效力于当地的埃弗顿足球队。我们家附近的每个家庭都梦想自己的孩子能在埃弗顿踢球。

直到我 4 岁的时候，家里所有人都认为，我们家族的埃弗顿球员会是我。我很强壮，精力充沛，有着足球方面的天赋。但在 1954 年，脊髓灰质炎在欧洲和美国的发病率达到了峰值。有一天，我的母亲到幼儿园接我时，发现我因为头疼叫得撕心裂肺，我的痛苦让她很心疼。我们的医生来到了家里，他认为我得了流感，而第二天早上发生的事情证明，他的诊断显然出现了偏差。我醒来时已经完全瘫痪，根本动不了。

接下来的几周里，我都待在我们当地医院的脊髓灰质炎隔离区里。我完全无法控制自己的双腿和身体，整整 8 个月里，我发现自己身边都是跟突如其来的瘫痪抗争的孩子。他们中的一些人始终戴着呼吸器，有些人甚至没能活下来。

慢慢地，我的左腿开始恢复了一些。值得庆幸的是，我已经可以控制我的胳膊和身体的其余部分，而右腿已经完全瘫痪。我在 5 岁的时候坐着轮椅离开了医院，同时还带着两副支架，这几乎宣告了我的足球生涯的结束。不过，如果埃弗顿一直像最近一样踢得那么烂，我说不定还是有机会加入球队的。

这个打击对我的父母和家族的所有人来说都是毁灭性的。随着我慢慢长大，他们最关心的问题之一就是，我将如何谋生。父亲和母亲从一开始就意识到，我需要充分利用自己的天赋，但关于这些天赋是什么还不太清楚。他们首先让我得到了最好的教育。在完成学业期间，我总是面临着更多的学习压力，以及在考试中取得好成绩的压力，这并不容易。毕竟我来自一个人口众多、关系亲密、亲友络绎不绝的家庭中。

除此之外，我们家位于20世纪60年代初期的默西塞德郡。重型摇滚音乐无处不在。我弟弟伊恩在乐队打鼓，他每周都在我学习代数和拉丁语的房间旁边排练。在书籍和节奏对我注意力的争夺战中，书籍往往都败得很惨。不过，正如任何一个男孩那样，我明白自己要对未来有所考虑，我需要将自己所有的东西发挥到极致。而足球这个选项已经被删除了；我喜欢音乐，但没有音乐天赋。迫于父亲的好意，我终于完成了学业。我去上了大学，就是在那里，改变我一生的兴趣开始形成。

我不知道自己能成为什么样的足球运动员，但脊髓灰质炎为我打开了更多曾经对我牢牢紧闭的大门。虽然我不知道这一切发生在什么时候，我的家人也不知道。但我父母尽全力让我集中在学业上，而我竭尽全力的学习，将一场灾难变成了完全意想不到的机会，从此生根发芽。

坚韧的毅力

与我一样，也有一些其他拒绝了足球职业的人往其他非常不同的方向发展去了。维达·沙宣（Vidal Sassoon）是美发领域最有名的人之一。在20世纪60年代，他的客户包括了当时最大腕的明星和最有名的模特，包括玛丽·奎恩特（Mary Quant，英国著名服装设计师）、简·诗林普顿（Jean Shrimpton，英国20世纪60年代的著名模特）和米娅·法罗（Mia Farrow，美国20世纪六七十年代的著名演员）。他革命性的发明包括波波头、五点几何法和希腊女神风，盖过了50年代的蜂巢风格。

维达小时候生活在伦敦东区，父亲抛弃了他们母子。所幸，一个阿姨接纳了他们，维达和其他四个孩子一起挤在阿姨只有两间卧室的公寓里。事情越变越糟糕，最终，维达的母亲把维达和他的弟弟送到了孤儿院，6 年后才接他们回家。正值青少年的维达一心要成为一名足球运动员，但他的母亲坚持让他给理发师当学徒，因为她认为这份工作对他来说更保险。

“我 14 岁的时候在英格兰，”维达说，“那时除非你是特权阶级，否则就必须离开学校开始谋生。我在白教堂路给一个叫阿道夫·科恩（Adolf Cohen）的人当学徒，他真的无比严格！那时正值 1942 年，战争开始了。几乎每天晚上都会有空投的炸弹，德国空军让伦敦变成了地狱，但我们还得保持指甲干净，熨平裤子，把鞋子擦得锃亮。与科恩共事的这两年赋予了我一生受用的东西：铁一般的纪律。

> 在那之后我还做过别的，因为我还不确定自己是否要成为一名理发师。我太喜欢踢足球了。除此之外，我觉得美发师能受到漂亮姑娘的青睐，我的母亲也在煽动我。但我在伦敦西区像雷蒙德这样的美发店里根本找不到一份合适的工作，因为我有东区的口音。那个时候的伦敦就是这样。

3 年里，维达去上发音课修正他的发音，以便在更好的理发店里谋求一份工作。“我知道我必须学会规划自己的人生，所以我还在另一家美发店里兼职晚上的教学。我会坐公共汽车到西区去，还去看电影。我也曾赶日场去看伟大的莎士比亚戏剧演员劳伦斯·奥利弗（Laurence Olivier）和约翰·吉尔古德（John Gielgud）的演出，并尝试模仿他们的发音。”

维达经常去参观伦敦的众多艺术博物馆，努力学习绘画和建筑史。“我真的认为那是我的必修课。我正在培养自己对美发的感觉。我脑海里构想出的发型总是几何形状。面对一个女孩，我总是庖丁解牛式地观察她的骨骼结构，而不是仅仅让她变得‘美美的’。我知道发型可以做成各种各样，但我花了大量的精力和 9 年的时间，才建立了自己店里的美发系统。”

1954 年，维达和合伙人在伦敦时尚邦德街一栋建筑的三层开了一家很小的美发店。“邦德街对来我说意义非凡,因为这是非常具有伦敦西区特色的地方，是我之前找不到工作的地方。在伦敦西区的选址意味着我必须有所建树。我决心改变美发领域的现行模式，不然就彻底离开美发业。对我来说，这不是一个修修剪剪的活儿，而是有关基本结构，以及一个人如何锻炼自己观察能力的行业。”

在开业第一周，店里的收入只有 50 英镑，但两年之后，他们做过的发型足以将店面搬到“最”邦德街的地段，和顶级的美发店相媲美。

> 60 年代的伦敦是一个非常奇妙的地方，充满了令人难以置信的能量。我们不能像我们的父母那样做事。我总是在寻找不同的方法。一切都在变化：音乐、衣服和艺术。所以我很清楚，发型也该有一些变化。

之后的某天，一些东西引起了维达的注意，甚至完全改变了他的看法，也颠覆了整个美发界。“那是一个星期六,一个发型师正在为客户吹头发，只用了刷子和吹风机，没有用发卷。我整个周末都在想这件事，周一的时候我就问那个发型师，他为什么那么为客户吹头发。他说他在赶时间，等不及要把她的头发吹干。‘不管你是不是赶时间，’我说，‘你发现了新东西，我们一起来干这事儿吧！’对我们来说，这就是吹头发的起源。”

维达·沙宣创造了剪发和发型行业的革命，改变了这个行业，也改变了女性的世界观。

> 我的脑海里总是有各种形状。我是在 1964 年给格雷斯·卡丁顿（Grace Cruddington）剪过‘五点式发型’（five point haircut），然后和她一起飞往巴黎。我想把它展示给时尚杂志编辑。我知道我们做了一些新颖的东西，但我必须让别人看到它，看到它是如何鲜活成形的。我们用的工具就是剪刀，座右铭是“去除冗余”，我们在 *Elle* 杂志占了一页又一页的篇幅，虽然他们一直在报道卷发，但也确实喜爱我们做的发型。所以我们的版面和采访更多了。1965 年，我被邀请到纽约做一个发型秀，有 5 家报纸报道了此事。《纽约时报》第二天的美容版头条也刊登了我们的秀。报纸和杂志上到处都是我们几何式的新发型。我们做到了！我们将“波波头”带到了美国！

1967 年，维达在伦敦开设了第一家沙宣学院，如今沙宣学院已经遍布世界各地。“一直以来，我的哲学就是分享知识。我们的学院和教学中心充满了能量，因此年轻人能不断突破自己的创造力。我告诉他们，如果你有一个好想法，尽管去做，以你的方式去做！如果收到了好的建议，也请按你的方式去做。我们很长一段时间内都在摸索，对我来说‘片刻如果隽永，那就是永恒’。”

维达·沙宣创建了时尚和风尚的全新时代。他不仅把握住了自己看到的机会，还创造了 100 万种做出反应的方法。

也许培养运气最重要的态度就是坚强的毅力。这本书中的很多人在发现天赋的过程中面临着难以想象的限制，但是他们都通过纯粹的、顽强的决心，最终实现了自己的天赋。在这个方面，没有人能超过布拉德·赞尼维斯奇（Brad Zdanivsky）。

在 19 岁那年,赞尼维斯奇发现自己喜欢攀爬。因为在还是个孩子的时候，他就爱爬树、爬石头，发展到后来，他开始爬加拿大最高的山峰。但一次从一个葬礼开车回家的途中，他在车上睡着了，冲下了将近 60 多米高的悬崖。

这一场事故让赞尼维斯奇四肢瘫痪，但他依然保持着一颗登山者的初心。即使在坠落悬崖等待救助、不得动弹的时候，他还在想一个四肢瘫痪的人有没有可能去爬山。在接受过 8 个月的康复治疗后，他开始和其他登山者讨论设计能让他重新登山的装置。在几个人的帮助下，包括他的父亲，赞尼维斯奇设计出一种顶上有两个大轮子，底下有一个小轮子的装置。他坐在这个装置上用肩膀和拇指滑动滑轮，每次可以前进大约 30 厘米。利用这种技术行进非常缓慢，但赞尼维斯奇的坚持得到了回报。在受伤之前，他给自己设定的目标是爬上 600 多米高的酋长岩（the Stawamus Chief)，这是世界上最高的花岗岩。在 2005 年 7 月，他实现了这个目标。

我们所有人都在塑造自己生活的环境和现实，我们也可以改变这一切。**发现自身天赋的人更有可能形成对自己人生目标的清晰认识，并制订实现目标的一系列计划**。他们知道，热爱和天赋是极为重要的。但他们也知道，对待事件和对待自己的态度，对于自己是否能发现天赋，能否过上理想的生活起着关键性作用。

导师能为我们打开大门，加入我们寻找天赋的旅程。他们会告诉我们接下来应该做什么，并鼓励我们勇于接受挑战。

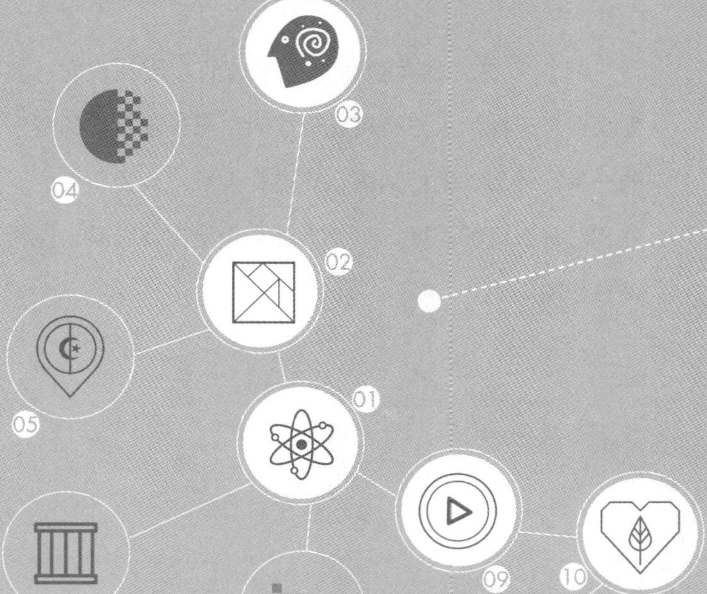

THE ELEMENT

08 找到属于你的导师

How Finding Your Passion Changes Everything

THE ELEMENT 人生的伯乐

在得了脊髓灰质炎之后，我去了一所为残疾学生开设的特殊学校。这在当时的英国是标准程序，教育部门会将任何有残疾的儿童从主流的公立学校送到特殊学校。所以我在 5 岁的时候，要每天乘坐专车从我们所处的利物浦工薪阶层区域，穿越整个城市，到一所位于相对富裕区域的小学上学。玛格丽特比万学校（Margaret Beavan School）里大约有 100 个学生，他们的年龄分布在 5 ~ 15 岁之间。这些孩子患有各种残疾，脊髓灰质炎后遗症、脑瘫、癫痫等，而我在那里最好的朋友之一得的是脑积水。

我们并没有特别意识到彼此的残疾，虽然很多人戴了牙套、拄着拐杖，或是坐着轮椅。在这种环境下，每个人残疾的性质已经不重要了。像大多数孩子一样，我们也会根据个性交朋友。我的一个同学患有脑瘫和严重的痉挛。他不能使用双手，说话也非常费劲，唯一的书写途径就是用脚趾夹着铅笔，抬着腿在桌子上书写。但是，如果你习惯了他费力的说话方式，并明白他在说什么的话，你会发现他是一个非常有趣的家伙。我在学校的时候很开心，据我所知，我经历的所有童年期的兴奋和挫折和在“正常”

学校里读书的兄弟姐妹并无二致。如果硬要说有什么区别的话，我似乎比他们更喜欢自己的学校。

在我 10 岁的某一天，一位访客出现在了教室里。那是一位衣冠楚楚的男士，面容慈祥，带着受过良好教育的口音。他与老师面容严肃地交谈了一小会儿后，就开始在课桌之间穿梭，跟孩子们聊天。那时教室里大约有十几个人。我也跟他聊了一会儿，不久之后他就离开了。

一天以后，我接到通知要我去校长办公室。我敲了敲满是装饰品的大门，一个声音叫我进去。昨天来我们教室的那个人坐在校长旁边，有人介绍他是查尔斯·斯特拉福德（Charles Strafford）先生。我后来才得知，查尔斯·斯特拉福德先生是英国政府著名的女皇学校督查组织（Her Majesty's Inspectors of Schools）的官员。当时的政府任命这些资深的教育工作者独立考察汇报全国学校的教育质量。斯特拉福德先生专门负责包括利物浦在内的英格兰西北部的特殊学校。

我们进行了一段简短的对话，斯特拉福德先生问了我一些关于学校以及我的兴趣和家庭的问题。几天后，我又收到了去校长办公室的通知。这次去的是另一个房间，见到的也是另一个人，他问了我一系列后来我才知道是一般智商测验的问题。我清晰地记得这次测试，因为我在测验中犯了一个让自己很恼火的错误。这个陌生人读了一段话，然后让我发表评论。其中一段话是："美国的科学家们发现了一个头骨，他们认为这就是 14 岁的克里斯托弗·哥伦布的头盖骨。"他问我有什么想法，我说它不可能是哥伦布的头骨，因为他 14 岁的时候还没去美国呢。

离开房间的那一刻，我突然意识到这个回答实在太愚蠢了，然后就返回去敲门，我想要告诉那个人，我明白他刚刚那段话的意思。不过在听见他在跟别人谈话后，我就没有继续打扰。第二天，我又看见他在操场上，就想找他更正我昨天的答案，但又担心他会认为我是昨天夜里从我爸爸那里得到了正确答案，找他更正答案简直是在浪费时间，但时隔50年后，我还在为此懊恼。我知道自己本来可以克服它的。

事实证明，我的错误并没有影响测试人员对我的判断。不久之后，学校把我转到了学生年纪比我大几岁的班里。显然，斯特拉福德先生跟我的班主任聊过，说他在我身上看见了学校未曾充分开发的不凡智力。他认为学校可以给我创造一些挑战，我有潜力通过当时的11+升学考试(eleven-plus examination)。

在英国，高中教育阶段存在两种不同类型的学校：技术学校和文法学校。文法学校提供更好的学术教育，主要的发展路径是成为专业人士和进入高校深造。技术学校为学生提供了一种更实际的教育，让他们成为手工者和蓝领。这整个系统就是旨在为英国工业经济提供所需劳动力的社会工程的一部分。升学考试就是考察学生的学习能力能否适应文法学校教育的智商测试。对于工薪阶层的孩子来说，通过升学考试是进入专业阶层，避免一生以手工劳动谋生的最佳途径。

我在新班级里最怕的老师是约克老师。她是一个40多岁，性格温柔的女人，但以对学习严格要求而闻名。学校里的一些教师对于我们未来人生的成就大都期待较低，我猜他们是觉得“特殊教育”其实就是放养，但是约克小姐不这么想。她期待她的“特殊”学生能达到她对其他人的期望：努力学习、努力工作，一定要做到最好。约克小姐严厉地指导着我的数学、英语、历史和其他科目。她会定期让我练习过去的升学考试真题，督促我在这种测验中拿高分。可以说她是我遇到的最令人印象深刻的老师之一。

最终，我与来自我们学校和其他学校的孩子们一起，参加了真正的升学考试。考试过后，约克小姐、斯特拉福德先生、我的父母和我都在焦急地等待着来自利物浦教育委员会的牛皮信封，那里面可能有改变我一生的成绩单。1961 年初夏的一天早晨，我们听到了信箱被打开的声音，我妈妈赶紧跑到前门去查看，带着紧张与兴奋，她把信封带到了我们正在吃早餐的小厨房里，递给我让我打开。我深吸了一口气，拿出信封里折叠的一张纸片，上面印着我的考试结果。我通过了！

我们简直不敢相信这个结果，全家人都沸腾了。我是我们家第一个通过升学考试的，也是我们学校通过那个考试的唯一一个学生。从那一刻开始，我的生活走入了一个全新的方向。我收到了利物浦大学的奖学金，这是我们那个城市最好的学校之一。我从特殊学校一步跳跃到了国内主流的高等教育领域。在那里，我开始形成塑造了我一生的兴趣和能力。

查尔斯·斯特拉福德成了我们家的好友，也变成了我们那个在利物浦的疯狂家庭的常客。他是一位热情帮助人们找到他们应得机会的绅士。身为一名喜欢文学和古典音乐的教育专家，他会打鼓，会在唱诗班唱歌，还在默西赛德郡乐团担任指挥。他对葡萄酒和白兰地的品味出众，住在英格兰北部一座布置精致的小房子里。他是第二次世界大战期间的少校军官，曾参加过诺曼底战役。他的第二故乡是法国北部卡瓦尔多斯地区的蓝威尔，在那里，他是当地的一个关键人物。蓝威尔现在有一条以他的名字命名的路，查尔斯·斯特拉福德林荫道。在上大学的时候，我去拜访了他，他还把我介绍给了当地人，带我品尝法国美食和白兰地，我对此深怀感激。

How Finding Your Passion
Changes Everything

对我来说，查尔斯·斯特拉福德是我通往另一个世界的一个窗口。通过手把手地切实帮助，他让我从一个在人生早期接受特殊教育的人，最终变成了一个对教育改革充满热爱的人。在挖掘他人潜力，并为他们创造展示自己的机会方面，他是一位鼓舞人心的榜样。除了我的父母，他是我第一位真正的导师，也让我认识到，在发现天赋的过程中，导师的作用无比珍贵。

重新认识自己

发现我们的天赋通常需要其他人的帮助和指导，这些人有时能看到我们在自己身上看不到的东西，吉莉安·琳恩就是这样的例子；而有时候，他人能让我们展现出最好的自我，梅格·瑞恩和她遇到的佩吉就是这样。对我来说，查尔斯·斯特拉福德发现了我的潜力，他采取了催生改变发生的必要措施。

我那个时候并不知道，在我成年后的大部分时间里指导我的人，那时候也在离我只有几公里远的利物浦学校上学呢。我遇到特里的时候30岁，已经在伦敦生活和工作了一段时间。我一个星期回一次利物浦，为老师进行一次培训，而她在低收入地区教戏剧。我们有过一次短暂的接触，却与教学、教育或天赋没有任何关系，自那以后我们就在一起了。她是我认识的最好的导师，不只是我的导师，也是很多朋友、家人和为她工作的所有人的好导师。她本能地了解导师的力量和重要性，因为这些东西在她自己的生命中也同样重要。当我有斯特拉福德这位导师的时候，她正在充当着自己童年时期的导师。

> 我去了一所由“慈善修女会”（the Sisters of Mercy）的修女管理的天主教女子高中。此时正值“摇摆的60年代”，我们却根本不摇摆，只是做很多祈祷，而我祈祷自己能离开。17岁之前，我唯一的愿望是离开家，离开伦敦的郊区，奔向灯火通明的都市，然后去美国嫁给猫王。

我的学术生涯经历了一次又一次的失败，但我喜欢表演，喜欢阅读。在毕业前的最后一年，我遇到了人生中第一位让我感到振奋的英语老师玛丽修女，一位对叶芝诗歌和教学充满热情的小个子年轻女生。在第一次讨论中，她让我当着全班人读一首诗，我照做了，感觉自己脖子后的头发都竖起来了。我从来没有读过这么美妙而强大的诗句：

如果我能拥有天堂的锦绣，
织满金色与银色的光芒，
那蔚蓝、暗淡、漆黑的锦绣，
织上夜空、白昼、朦胧的光彩，
我愿把这块锦绣铺在你的脚下，
可是我一无所有，只有梦，
我就把我的梦想铺到你的脚下；
请你轻轻地踩吧，因为你踩着的是我的梦啊。

那是我第一次真心想要学到更多，在接下来的两年里，在她的引导下，我爱上了狄更斯、福斯特、威尔弗雷德·欧文、莎士比亚和辛格。我们采用的是小班教学，每一个人在她的课上都会聚精会神。她鼓励我写作，是她让我变成了最好的自己，在她指导的下，我也因能迎接其他科目的挑战而熠熠发光。

这些书向我打开了世界的可能性，最吸引我的是她开放的思想。她是一个天主教的修女，却和我们讨论着爱情、性和一些神秘的东西，都是些没有禁忌的话题。我们会花上几个小时讨论突然想到的任何话题，从莎翁名剧《科里奥兰纳斯》（*Coriolanus*）中的恋母情结到《霍华德庄园》(*Howards End*)中的不忠，对于一个基本没有离开过利物浦的女孩来说，那真是大开眼界。

我是她那年最好的学生，以优异的成绩通过了英语考试。在她的建议下，我在大学继续学习戏剧和文学。从那时起，我再没有怀疑过自己的能力，还与自己研究的某些作家成了真正的朋友，如果没有她的指导，我可能还在痴想着嫁给猫王。

导师的出现常常是偶然的。但是，在埃里克·德雷克斯勒和马文·明斯基的案例中我们会看到，“学员”有时也会在选择导师中起到积极作用。沃伦·巴菲特激励了众多的投资者，而他说，本杰明·格雷厄姆①是他的导师。格雷厄姆在哥伦比亚大学里是巴菲特的老师，在学校里，格雷厄姆给了巴菲特他执教22年以来的唯一一个A+的好成绩，并在自己的投资公司里为巴菲特提供了一个职位。巴菲特在另辟江山前在那里待了几年。罗杰·洛温斯坦(Roger Lowenstein)在他的书《沃伦·巴菲特传：一个美国资本家的成长》(*Buffett: The Making of an American Capitalist*)中写道：“本杰明·格雷厄姆为巴菲特打开了一扇门，他教给了巴菲特探索市场多种可能性的工具，还有一种适合这个学生脾气的方法。手持格雷厄姆的技术，巴菲特可以破除一切诅咒，释放自己的天赋。而且有了格雷厄姆作榜样，巴菲特也能够以他自己的鲜明风格开创另一番天地。”

在另一个完全不同的领域中，歌手雷·查尔斯(Ray Charles)因为非凡的音乐天赋和克服逆境的能力，成为无数人心中的灯塔。但在故事一开始，也有一个教他深入音乐领域的人。

① 本杰明·格雷厄姆被誉为“现代证券分析之父”“华尔街教父”，是价值投资理论奠基人，其重磅力作《证券分析》(第6版)已由湛庐文化策划，中国人民大学出版社出版。——编者注

在发布于“谁指引你”网站上的《哈佛导师项目》(*the Harvard Mentoring Project*)中，查尔斯回忆道：“威利·皮特曼(Wiley Pittman)就是那只猫。我的意思是，如果没有他，我不认为自己现在会是一个音乐家。我们家住在他家隔壁，他有一个小咖啡馆，一个杂货店，店里有一架钢琴。每天下午2点到3点，他会定时练习钢琴。在我3岁的时候，只要他开始在钢琴上叮叮当当的开始练习，我就会停止玩耍。我特别喜欢钢琴的声音，不管院子里是我的伙伴还是别人，我都会进门坐在他旁边听他弹琴。

> 我会时不时用自己的整个小拳头敲着琴键，然后他就会跟我说：“孩子，如果你喜欢音乐，就不要用整个拳头去捶琴键啊。”他知道我有多喜欢音乐，因为我会停下手边的一切去听他弹琴。
>
> 所以他开始教我如何用一根手指弹出短短的旋律来。当然，我现在才意识到，他完全可以对我说：“小家伙，快滚开！你看不到我在练习吗？”但他没有。他花了很多时间教我弹琴。可能他心里知道这个孩子非常喜欢音乐，觉得自己要尽力帮助他学会弹钢琴。

儿童保护基金(Children’s Defense Fund)的创始人兼总裁玛丽安·怀特·埃德尔曼(Marian Wright Edelman)，在斯佩尔曼学院(Spelman College)读书时遇见了她的人生导师，那个地方被埃德尔曼描述为“一个死寂的女子学院，专门培养保守的年轻女性，她们会跟莫尔豪斯(Morehouse)男子学院的人结婚，本分持家，绝不生事端”。埃德尔曼在那里遇到了历史学教授霍华德·津恩(Howard Zinn)。他们生活在20世纪50年代末的美国南部，津恩认为激励他的学生积极参加民权斗争很重要。

受到津恩的启发，埃德尔曼投入了早期的民权运动，最终掀起了全国性的运动。她在对变化和正义的呼吁中起到的重要作用，以及她 30 多年来为儿童事业做出的非凡成就，都是从霍华德·津恩的指导开始的。

我在了解“全国指导月”（National Mentoring Month）活动时，看到了雷·查尔斯和玛丽安·怀特·埃德尔曼的故事，这个活动是由哈佛大学公共卫生学院的“哈佛导师计划”、全国指导合作企业（MENTOR/National Mentoring Partnership），以及国家与社区服务公司（Corporation for National and Community Service）联合策划的，由许多大型企业赞助。到 2009 年 1 月，这个活动累计举办了 8 年。此外，大量的主流媒体也是这次活动的合作伙伴，提供了数亿美元的免费服务，还指导他们把故事拍成电视节目，全力支持这一次活动的宣传。

公私企业联合（Public/Private Ventures）和一个非营利组织致力于改善“社会政策、项目和社区活动的影响，尤其是对青少年和年轻人的影响”，在 2004 年开始了具有里程碑式意义的研究。他们将来自全国 70 多所学校的 1 100 名四年级到九年级的志愿者跟导师进行随机配对，最终获得了一些非常有价值的研究结果。接受指导的学生在学业成绩、课堂质量、作业完成方面都有普遍提高。在学校发生的严重问题也有所减少，逃学可能性也降低了。

看到这些令人欣慰的结果并不让我觉得意外。许多这样的孩子在学校表现好转只是因为有人开始关注他了。这是一个非常重要的因素，我在随后讨论教育的问题和挑战时还将讨论这一点。在最基础的层面上，优质的指导能提高学生的自尊和目标感。当要指导或激励人们发现天赋时，那就需要更高层次的指导了。心理学家从吉莉安·琳恩身上看到的，以及威利·皮特曼从雷·查尔斯身上所看到的，是一个能让他人实现自己内心渴望的机会。霍华德·津恩从玛丽安·怀特·埃德尔曼身上所看到的，以及本杰明·格雷厄姆从沃伦·巴菲特身上看到的，是能培育出非凡成就的罕见天赋。当导师打开这一扇门时，他们做的工作就犹如画龙点睛一样精妙。这就像开启一个新领域，或者将一点兴趣的小火苗变成燎原般的热爱。

导师的四大作用

我们与导师保持联系的方式多种多样，与他们保持联系的时间也有长有短。有些导师可能和我们几十年都保持着联系，从一开始的“老师 - 学生”角色最终变成了好朋友；也有些人会在关键时刻进入我们的生活，并与我们保持足够长时间的联系，给我们带来重要的改变，然后就挥手作别。无论如何，导师对我们的帮助主要集中在以下四个方面。

导师的第一个作用是“识别”(recognition)。查尔斯·斯特拉福德在我的生命中就起到了这样的作用，他发现了我的老师没有注意到的我具备的能力。**天赋的基本要素之一就是，我们在天赋和能力上极大的多样性**。正如我们前面所讨论的，某些测试是基于一系列的标准化问题，给人们指出他们的优点和缺点。但个人在资质和天赋方面真实的微妙差别，远比现有测试能测出的东西复杂。

有些人在音乐、跳舞或者科学上有天赋，但他们的能力往往体现在更为具体的方面。一个人可能在某一种具体的音乐形态，或者某一种乐器的演奏上具有天赋，例如是吉他而不是小提琴，是木吉他而不是电吉他。而据我了解，任何一种测试或者软件都无法甄别出如此细致的个人差异，但这些差异却能区别出泛泛的兴趣和狂热的爱好，只有已经发现天赋的具体领域的导师才能精确地识别这种差异。导师可以从兴趣的小火苗中识别出天赋，还可以帮助个人深入掌握具体领域的重要因素，让他们的能力和激情得到匹配。

这本书的合著者卢·阿罗尼卡，在职业生涯的前20年都在为图书出版商工作。他大学毕业后的第一份工作就职于班塔图书公司（Bantam Books），一家纽约的大出版商。不久之后，他在公司注意到一位干瘦、矮小的人总在大厅晃荡。那个人似乎没有任何固定工作，但每个人都会注意到他。阿罗尼卡通过询问得知他是伊恩·巴兰坦（Ian Ballantine），不仅是班塔图书公司的创始人，也是后来巴兰坦图书公司的创始人，而且他还是在20世纪40年代把平装书引入美国的人。在接下来的几年中，阿罗尼卡在大厅里遇到巴兰坦很多次，每次他都朝巴兰坦礼貌地点点头，并且因为面对出版界如此的一个传奇人物而感觉有些紧张。

阿罗尼卡在班塔图书公司得到的第一份“真正”的工作，是编辑部里的一个职位，他努力整理着科幻小说之类的出版计划。不久后的一天，阿罗尼卡坐在座位上看见伊恩·巴兰坦信步走过来并坐了下来。这让阿罗尼卡非常惊讶。接着，接下来的几分钟简直让他惊掉了下巴。“伊恩说话的方式很特别，”阿罗尼卡告诉我，“你会觉得他说的每一个想法都像珍珠一样精彩，但他的语言太晦涩了，连在一起就像珍珠还带着蚌壳。”但巴兰坦说得内容越来越清楚了，让阿罗尼卡大吃一惊的是，这个出版界的传奇人物竟然提出要将阿罗尼卡招致麾下。“他从未说过：‘嘿，我来做你的导师吧。’巴兰坦从没有说出这样明确的话，但他表示他会定期来看我。于是，我告诉他，他可以在任何时候来，如果他不想来，我可以穿越半个地球去找他。”

在接下来的几年里，阿罗尼卡和巴兰坦一起共度了大量时间。巴兰坦教给阿罗尼卡历史，更重要的是，教他出版的哲学。巴兰坦教阿罗尼卡的一点是：“当其他人都在追赶潮流的时候，你要遗世独立。”他认为成功的最快路径往往是逆流而动。阿罗尼卡对此产生了特殊的共鸣。“从我开始这份工作时，我一直在听到图书出版的‘惯例’，似乎有很多可以做什么、不可以做什么的规则，这在我看来并没有什么意义，因为读者才不会根据规则阅读呢。巴兰坦也不相信那些，而他比那些将规则挂在嘴边的人不知道要成功多少倍。所以，我决定成为一名出版自己真正喜爱的作品的出版人，对于那些所谓的‘规则’，偶尔顾及就好。”

这种方法非常适合阿罗尼卡。他 26 岁的时候出版了自己的第一本书，还成了班塔图书公司的副发行人。之后，在打算转行写作之前，他还担任过伯克利图书公司（Berkley Books）和雅芳图书公司（Avon Books）的发行人。在伊恩·巴兰坦挑中并指导他之前，阿罗尼卡就知道自己想要从事图书行业。除了教会他这个行业中的细微差别之外，巴兰坦还帮他确定并带领他找到了发行方面的天赋。

导师的第二个作用是“鼓励”（encouragement）。导师让我们相信自己可以实现一些之前看起来不可能实现的目标。他们不会让我们长期屈服于自我怀疑，也不会让我们总是觉得自己的梦想高不可攀。他们总在提醒我们已经拥有的技能，告诉我们如果继续努力会获得什么。

当杰基·罗宾逊（Jackie Robinson）来布鲁克林道奇队[①]打美国职业棒球联赛的时候，他经历了希腊悲剧式的遭遇和虐待，那些人认为黑人不应该参加白人的联赛。在大多数情况下罗宾逊还可以忍受，但事情变得越来越糟糕，他几

① 后改名为洛杉矶道奇队。

乎不能打比赛了。漫天的辱骂和威胁严重影响了他的注意力，连在球场和垒上跑步都会踉跄。在经历过一段特别糟糕的赛段之后，道奇队的游击手匹·维·瑞斯（Pee Wee Reese）叫了暂停，走到罗宾逊的身边鼓励他，说他将会是名人堂里一位伟大的棒球手。多年以后，罗宾逊在名人堂的颁奖典礼上谈到了那一刻。“他救了我的命，也挽救了我的职业生涯，”罗宾逊在库珀斯敦的领奖台上这样说道，“我曾信心全无，但匹·维·瑞斯用他鼓励的话语救了我。当一切看起来毫无希望的时候，他给了我希望。”

导师的第三种作用是“协助”（facilitating）。导师可能通过给我们提供建议和技术，为我们铺平道路，甚至可以在我们发生动摇的时候，与我们一起纠正错误，让我们从错误中学习，以而引导我们发现天赋。我们的导师也可能是我们的同龄人，就像保罗·麦卡特尼的故事一样。

“我记得那是一个周末，我和约翰坐公交车穿城去看别人如何弹吉他 B7 和弦，”麦卡特尼告诉我，“你知道吉他的三个基本和弦是 E、A 和 B7。我们不知道如何弹 B7，但另一个小孩可以做到。所以我们坐公共汽车去看他，学会了和弦就回来了。”

> 我们这些吉他爱好者基本上都会观摩别人怎么玩和弦。我记得一天晚上看一个叫《哦！男孩！》（*Oh Boy!*）的电视节目里，克里夫·理查德（Cliff Richard）和影子乐队（The Shadows）正在演奏《动起来》（*Move It*）。这首歌里有一个非常棒的和弦，我很喜欢它，但不知道怎么弹。而一琢磨出来后我就赶紧跑到约翰家大喊：“我知道了！我知道了！”彼此学习与切磋就是我们仅有的吉他教育。
>
> 一开始，我们只是模仿别人。我模仿的是小猫王。约翰模仿的是杰瑞·李·刘易斯和查克·贝瑞（Chuck Berry）。我们只是模仿他

人，互相学习。当我们在为利物浦表演艺术学院（LIPA）做规划的时候，也把这一点考虑了在内。学生们在学习的时候可以和有同样志趣的人相互切磋，其实是非常重要的一种学习方法。他们不需要跟你说太多，呈现给你就好。

导师的第四种作用是“督促”（stretching）。好的导师能让我们突破过去自以为是的限制。他们不会让我们在自我怀疑中倒下，也不会让我们有所保留。一位真正的导师会提醒我们，我们的目标不应该是“一般”水平。

詹姆斯·厄尔·琼斯（James Earl Jones）被称为“最好的演员”，以及当代媒体中一个“伟大的配音者”。但如果他没有遇到自己的导师的话，我们大多数人可能就无缘听到这样的配音了。如果琼斯没有遇到唐纳德·克劳奇（Donald Crouch）的话，你可以想象《星球大战》中的达斯·维达（Darth Vader）武士的声音吗？

小时候，琼斯的自我意识严重受挫，这很大程度是因为他有口吃，很难在人们面前开口说话。他在高中的时候进入了克劳奇教授的英语课堂，克劳奇曾是与罗伯特·弗罗斯特（Robert Frost）共事的大学教授。克劳奇发现琼斯会写诗，也发现琼斯因为害怕学校其他男孩的嘲笑很自闭。“他问我为什么会这样，如果我这么喜欢文字，为什么不能大声说出来呢？”琼斯在《改变我人生的人：美国名人导师回忆录》（*The Person Who Changed My Life: Prominent Americans Recall Their Mentors*）这本书中写道：

有一天，我给他看我写的一首诗，他反馈说：这实在太好了，不像我自己写的，像是抄袭的。为了证明我没有抄袭，他要我在全班面前背诵这首诗。我按照他的要求做了，居然没有口吃。从那时起，我就不得不写更多的诗歌并朗诵出来。这对我产生了巨大的影响，当我学会轻松大声地表达自己后，信心也开始大涨。

在学校的最后一天，我们在室外的草坪上进行最后一课，克劳奇教授送给我一份礼物，是拉尔夫·瓦尔多·爱默生（Ralph Waldo Emerson）的《自立》（*Self-Reliance*）。这对我来说非常宝贵，因为这本书是克劳奇教授对我的教诲的总结：自立。他对我的影响是如此深入本质，随后扩展到了我生活的所有方面。因为他，我才有可能成为一名演员。

导师在帮助人们找到自己天赋的过程中，发挥着无比珍贵的作用。如果说发现天赋的唯一途径是获得导师的帮助有点夸大其词，那么它也只是轻微的夸张。在通往注定的事业之路前，我们会遇到很多路障和限制。没有一位知识渊博的导师来帮助我们确定自己热爱的东西，鼓励我们的兴趣，帮我们扫清道路，并督促我们充分利用自己的天赋，发现天赋之旅将会相当艰难。

导师指导的意义

导师的指导具有双重意义。正如导师对我们人生的非常重要一样，我们帮助他人履行自己的角色也同样重要。有时我们甚至会发现自己的真实天赋就是给别人做导师。

安东尼·罗宾斯是世界上最成功的个人教练和导师，他通常被认为是私人教练职业的奠基人。这个领域在世界各地呈指数增长，已经形成了数百万美元的产业。这些人天生表达流畅，擅长辅导和指导别人，在帮我们自我实现的过程中扮演着影响深远的角色。有越来越多的人发现，他们的天赋就是做一名导师。

戴维·尼尔斯（David Neils）就是如此。他自己的导师是克劳森先生，是他的一位拥有多项发明的邻居。当尼尔斯还是个孩子的时候，他常去观看这位邻居工作。不像其他人急着将小孩子打发走，克劳森会请尼尔斯对他的工作提出建议和意见。这种行为让尼尔斯获得了自我价值感，让他意识到自己的意见很重要。成年之后，尼尔斯成立了“国际线上辅导项目（International Telementor Program）”，这是一个通过电子手段推动专业人员对学生进行辅导的项目。自 1995 年以来，该项目已经帮助世界各地的 15 000 多名学生获得了专业指导。戴维·尼尔斯确实将指导变成了自己的终身职业。

我相信我在这里提到的几位导师，都变成了被指导者心中的大英雄。我们每个人都有自己的英雄，可能是父母、老师、教练，也可能是同学或同事，这些人的共同特点是，他们都是我们崇拜的人。此外，我们心中还有许多素未谋面的英雄，他们的事迹激发了我们想象力。我认为兰斯·阿姆斯特朗（Lance Armstrong）就是一个英雄，因为他克服了危及生命的疾病去从事剧烈运动，纳尔逊·曼德拉（Nelson Mandela）也是英雄，因为他在南非废除种族隔离制度中发挥的重要作用。这些人激励着我们，让我们惊叹人类潜能创造的奇迹。他们让我们看到了更多的可能性，也点燃了我们的激情。他们甚至驱使着我们在人生中向他们学习，致力于公共服务，探索、打破壁垒，或者消除不公平。通过这种方式，这些英雄也承担着类似导师的角色。

然而，在我们寻找天赋的过程中，导师比英雄做出了更多的贡献。英雄可能距离我们很远，也无法近距离接触。导师不一样，他们在我们的生活中占据着一席之地，担任着特殊的角色。导师能为我们打开大门，加入我们寻找天赋的旅程。他们会告诉我们接下来应该做什么，并鼓励我们勇于接受挑战。

有充分的证据表明，发现自身天赋的机会远比我们以为的更多。事实上，我们可以在人生的任何一段时间开启一个新的方向。我们有能力在任何年龄发现自己的天赋。

THE ELEMENT

09 只要动身，永远都不会晚

How Finding Your Passion Changes Everything

现在出发晚不晚

苏珊·杰菲斯是《战胜内心的恐惧》等多本畅销书的作者，很少有人知道的是，她直到 40 岁才开始了自己的写作生涯。

苏珊在还是个小孩子的时候就很喜欢阅读。她一天中最好的时光就是蜷缩在安静的房间里看书。“我总是充满好奇，我父亲也总是很认真地解释一切。有时候，面对着我咕噜咕噜转动的、好奇的大眼睛，他就不得不深入地给我解释很多细节。记得有一次，我听到收音机里有个我不明白的词语‘包皮环切术’（circumcision），即使这样他也没有草草打发我！他就像一位老师一样投入，我觉得他都没听到自己的电话铃声。他一直想要一个男孩，所以对我的培养就跟男孩一样，我可能要去参加很多摔跤比赛呢！”

苏珊上大学后，在那里遇到了她的第一任丈夫。后来，她在怀上第一个孩子的时候退学了，而在家里待了 4 年后，她决定重回大学读书。这个决定带来了太多的焦虑，“在家里待了这么多年已经摧毁了我的信心，我不确定自己能否顺利完成学业”。最终，她发现自己非常适应大学生活，甚至以最优秀的成绩毕业了。在得知自己获得这个荣誉后，她开始给她认识的每个人打电话，“最后我放下电话大哭起来，这时候我才意识到，我最想打电话的一个人是我的父亲，他在几年前就去世了，但他一定会为我感到骄傲的”。

在一位老师的鼓励下，苏珊又被研究生院录取了，并最终获得了心理学博士学位。接着，又发生了一件始料不及的事情，她被邀请担任纽约市流动医院（Floating Hospital）的执行董事。苏珊犹豫了，因为这是一份重要的工作，她不知道自己是否可以胜任。但最后，她同意了。

而在那时，她的婚姻也遇到了麻烦，苏珊提出了离婚。对苏珊来说，这是一段非常困难的时期。“即使我拥有心理学博士学位，也没有什么帮助。即便我的工作表现超乎我的想象，我依然觉得很痛苦。我很快就厌倦了自怨自艾的情绪，转而寻找一种‘活’在这个世界上的新方式。这就是我心灵之旅的开始。”

在运营流动医院的10年间，苏珊被称为“工作狂”。她在空闲时间研究东方哲学，参加各种各样有关个人成长和新时代的灵修工作坊。“我发现，正是恐惧造成了我的‘受害者心态’和消极的态度。这些心态和态度在阻止我为自己的生活经验负责，使得我害怕去真正爱上别人。渐渐地，我学会了如何消除恐惧，把自己从最弱的状态转变成最好的状态。最终，我感受到了一种从未有过的力量。”

一天，苏珊坐在办公桌前突然想去新社会研究学院（New School for Social Research）这个她从来没有去过的地方。她尝试相信自己的直觉，所以决定去看看。“我觉得那里也许有我可以做的工作。我到达那里时看到了招聘目录，还看到了人力资源部门，一切听起来都与我的兴趣有关。我去了他们的办公室，接待区没有人在。然后我听到办公室的一位女士问：‘我有什么可以帮助你的吗？’我走了进来，脱口而出：‘我是来这里教授有关恐惧的课程的。’天呐！我怎么会想到这个！她惊讶地看着我说：‘我的天呐！我一直在找人教这门课呢！这是公示招聘的最后一天，再过 15 分钟我就要走了。’看到我的简历她很满意，她跟我说：‘请快速写出课程的名称和 75 个字的课程描述。’我几乎没有丝毫考虑就写下了“战胜内心的恐惧”这个标题，并写出了课程描述。她很高兴地将我的课程信息和留言放在助理的桌上，然后对我表示了毫不吝啬的感谢后就迅速离开了，只剩我一个人站在那里想：‘刚刚发生了什么？’虽然我非常相信吸引力法则（Law of Attraction），但这对我来说还是太神奇了。”

苏珊在这个为期 12 周的课程的第一堂课上很紧张。两个小时的课程很顺利，但她马上就面临着新的恐惧。“我想，‘这堂课结束了，但我对这个话题要讲的所有内容都讲完了啊。下周我要教什么呢？还有接下来的 10 多堂课该怎么办啊？’但后来每个星期我都发现，自己有越来越多可讲的东西。我的信心也变强了，那时我才意识到自己这么多年来都在学习如何消除恐惧。我的学生们在课堂里求知若渴。最终，他们对于自己的思想真的改变了生活而感到惊讶。教授这门课让我相信：那些改变我生活的技术同样可以改变他人，不管他们是什么年龄、性别或背景。”

苏珊最终决定基于她教的课程写一本书。她遇到过许多障碍，在遭遇 4 个代理商和 15 家出版商的拒绝后，她非常不情愿地将书稿放回了抽屉里。最糟糕的一封拒信里说：“除非黛安娜王妃裸体骑自行车去街上派发这本书，否则没有人会读它！”

在那段时间里，苏珊决定离开流动医院，专注于成为一名专业作家。“我记得某个晚上我坐在一辆出租车里。司机问我是做什么的，我听见自己说：‘我是一个作家。’直到那一刻之前，我都认为自己是一个心理学家或管理者。但从此以后，我成了一名作家。”

为杂志写了3年的文章后，苏珊又打开了装着那本尘封已久的著作的抽屉。“我把它拿了出来，内心有着一种强烈的感觉：有很多人需要阅读我手中的这本书。所以我下定决心要找到一个跟我自己一样欣赏这本书的出版商。这一次，我成功了。更重要的是，我成功地超越了自己最疯狂的梦想。”

《战胜内心的恐惧》已经卖了几百万册，累计在100多个国家发行，已被翻译成超过35种语言。苏珊还写了其他17本畅销全球的书，成了一名名副其实的作家，伦敦的《泰晤士报》甚至称她是“自助女王”（Queen of Self-Help）。她是一位受欢迎的公众演说家，是广受国际广播和电视节目欢迎的嘉宾。关于《战胜内心的恐惧》，她说：“我的网站收到了来自世界各地的电子邮件，人们告诉我我的书如何帮助到了他们的生活。一些人甚至认为这本书‘拯救’了他们的生命。我很庆幸自己从未放弃。我的父亲一定会为我感到骄傲的。”

How Finding Your Passion Changes Everything

人生的“第二中年期”

我们都认识一些将自己封闭在自己生活中的人。他们确实希望自己可以做一些更有意义的事情来充实人生，但他们已经39岁、52岁或者64岁了，总觉得已经没有机会了，或是觉得太晚了，突然将生活转向一个新的方向显得太不切实际；或是觉得自己已经错过了曾经全心追求的那个机会；又或是之前缺乏追求这些目标的信心，而现在有了信心，时间却已经溜走了。

有充分的证据表明，发现自身天赋的机会远比我们以为的更多。在写这本书的过程中，我们已经发现了数百个在人生后期追求天赋的案例。例如，畅销书作家哈丽雅特·杜尔（Harriet Doerr），她在职场工作养家的时候才开始涉足写作。而在65岁的时候，她回到大学获得了历史学学位。学校的写作课程让她的写作水平提升到了一个新高度，最终被选进了斯坦福大学的创意写作计划。最终，杜尔在1983年发表了她的第一部小说《伊巴拉的石头》（*Stones for Ibarra*），并获得了美国国家图书奖（National Book Award），那一年她73岁。

年纪不到杜尔一半的保罗·波茨（Paul Potts），36岁的时候还过着名不见经传、毫无成就感的生活。他知道自己拥有一副很好的嗓音，曾经还去参加过歌剧训练。然而，一场摩托车事故摧毁了他对舞台的梦想。随后，他成了一名南威尔士的电话推销员，继续追问着伴随他一生的自信问题。然后他去参加了电视节目“英国达人”（Britain’s Got Talent）的试镜，这档节目是由创办了《美国偶像》（*American Idol*）的西蒙·考威尔（Simon Cowell）打造的。

波茨获得了在全国性的电视节目上演唱普契尼的《今夜无人入睡》的机会，他美妙的歌声打动了演播室内的所有人，还让一位评委流下了感动的泪水。在接下来的几周，波茨引起了国际轰动，他的首秀视频在YouTube上被下载了1 800万次。波茨最终赢得了比赛，并获得了在女王面前唱歌的机会。波茨做电话销售员的Carphone Warehouse公司虽然损失了一名员工，却满足了全世界的戏剧迷。接下来波茨在2007年下半年发表了自己的第一张专辑，《决战星光》（*One Chance*）。

“我的声音一直是我最好的朋友，”波茨说，“如果我在学校受了欺负，我总是在靠我的声音进行反击。我真的不知道为什么别人会欺负我。我总是有点与众不同。所以我觉得这可能是我有时在自信方面纠结的原因。但是当我唱歌时，这个问题就不存在了。我就在我该在的地方。我生活中所有其他的都变得无关紧要了。第一次试镜后，我真正意识到自己是有才华的，我是保罗·波莰。”

厨师茱莉亚·查尔德（Julia Child）在美国引发了一场家庭烹饪的革命，并开启了电视烹饪节目的源头，在此之前，她是一个广告公司的文案，还在美国政府干过不同的工作。在30多岁时候，查尔德喜欢上了法国菜，并开始接受专业培训。直到年近50岁的时候，她才出版了《掌握法国烹饪艺术》（*Mastering the Art of French Cooking*）这本书，同时也开启了她的传奇生涯。

玛吉·库恩（Maggie Kuhn）65岁的时候还是一个坚定不渝的教会组织者。不幸的是，她的老板强制她在这个年龄退休。她很生气她的雇主就这么把她撵了出去，所以决定与有相同处境的朋友组成一个互助支持小组。他们试图解决退休人员的常见问题，这些努力让他们越来越有雄心，最终创建了一个全国性的宣传组织“灰豹”（Gray Panthers）。

我们都听说过50岁是新的30岁，70岁是新的40岁这一说法。如果按这个算法，我还可以理解为什么现在一些30岁人的行为，会表现得跟青少年一样。但也有一些我们应该认真对待的重要变化：我们在有生之年的寿命延长了。在过去的几百年里，人类的寿命已经不止翻了一番，而且还在以加速度增长。老年人的健康质量得到了改善。麦克阿瑟基金会（MacArthur Foundation）的一个调查显示，近90%的65 ~ 75岁的美国人说他们的生活没有什么障碍。但其实发达国家的许多老年人有着更有力的经济保障，在20世纪50年代，美国35%的老年人生活在贫困之中，而今天这一比例已经下降到了10%。

如今人们关于“第二中年期”有着大量的谈论。我们曾经认为中年（约35 ~ 50岁）意味着临近退休的快速衰老和面对死亡。而现在，“第一中年期”的结束有着一系列的标志：工作上取得了一定的成就、孩子读大学、必要资金支出的减少等。这之后就是“第二中年期”，在这一时期内，健康且成功的人们会开始追求下一阶段的目标。不过这些目标不是为了破除他们对“当我 64 岁时”的设想而惩罚或奖励性地听摇滚音乐，或是追求别人眼中的“满意”。

如果现在有一段额外的“中年期”，我们当然会有更多机会去实现自己的人生计划。在 30 岁就要实现，或者至少已经在着手实现我们最伟大梦想的想法已经过时了。

当然，我不是说我们可以在人生的任何时候，都可以做自己想做的任何事情。如果在你快 100 岁的时候，还想成为《天鹅湖》舞剧的主角的话，就可能不太现实，尤其你如果没有接受过任何舞蹈训练；或是在 58 岁的时候，因为颤颤巍巍的平衡感，你才放弃了在冬奥会中赢得速滑金牌的想法，尤其是你在现实生活中从来没有见过一双真正的溜冰鞋。

有些梦想确实是“不可能的梦”，但还有许多梦想都是有可能的。知道这两种梦想的差异，往往是你找到自身天赋的第一步，因为如果你能发现让梦想成真的机会，就有可能找到实现它的必要步骤。

你认为已经晚了的基本原因之一，是因为你相信生活是线性的。如果行驶在一条忙碌的单行道上，我们就别无选择，只能继续前进。而如果我们一旦错过什么，也不可能回头看，因为我们所有的努力就是为了跟上车流。然而，我们在这本书中看到的许多故事都清晰地表明：人类的生活不是线性的。戈登·帕克斯在多个领域的探索和成就不是线性的；查克·克洛斯也没活成单线的人生，疾病使他彻底地改造了自己。

雷德利·斯科特爵士进入电影世界，也明显是一条非线性的人生道路。他告诉我说，当他第一次离开艺术学校时，“我完全没有制作电影的想法。我只是每个周六去看电影而已。当时根本无法想象我要如何从当时的生活转到电影方面去”。

> 但我认定美术不适合我。我需要更具体的东西。我需要一个目标，一个清晰的目标。所以我不停地流浪，尝试其他的艺术实践形式，最后我发现，自己和印刷界的罗恩先生（Mr. Ron Store）很合得来。我喜欢印刷过程。我喜欢将各种颜色磨在石头上。我会每天工作到很晚，然后再去酒吧喝两杯啤酒，坐最后一班车回家。我做了 4 年，一周 5 天，我很喜欢这样。

一段时间之后，斯科特开始在英国广播公司（BBC）兼职。“我一直试图打破自己的界限，将预算花在最值得的地方。他们给了我一年的旅行奖金，我回去后就成了那里的一名设计师。在英国广播公司待了两年之后，我被送进了导演班。”

不过，从那时候开始，斯科特又经历了另一次飞跃，这次是进入广告界，因为它“非常有趣。虽然广告一直是一个和美术、绘画和那些不便启齿的事情相关的肮脏词汇，但我才不在乎这些呢，只管干我的活”。

后来，雷德利·斯科特从广告导演又变成电视导演，直到沉浸在电影的世界之后，他才确定了自己一辈子的事业。如果他在这些途中的任何一个节点感觉到必须遵循线性的职业生涯，就永远不会发现自己真正的使命所在。

人类的生命是整体的、循环的，不同的能力会在我们人生的不同阶段，

以更强的形式表现出来。因此，我们一生中可以拥有多个增长和发展的新机会，以及多次挖掘自身潜力的机会。哈丽雅特·杜尔开始探索她的写作潜能之前，生活把她带向了另一个方向。在她转身之前，这种能力等待了她几十年。玛吉·库恩在机会出现时听从了内心的召唤，尽管直到那一刻，她都完全没有意识到，这就是她的天赋。

如何界定“真实年龄”

生理年龄虽然表明了你从出生以来的绝对时间，但在谈到健康和生活质量时，它就变成了相对的。当然，我们都会随着时间的推移而变老。但据我了解，有很多相同年龄的人在情感和创造性上却属于不同的世代。

我母亲去世时享年 86 岁，因为中风，所以她去世得非常突然。她看起来比实际年龄小 10~15 岁，对他人和周围的世界有着不竭的好奇心，她跳舞、阅读、聚会、旅行。她的智慧与幽默让她身边的每个人都很快乐，还激发着他们的个性。不管生活有多么艰难、挣扎和危险，她都保持着能量充沛和纯粹的乐观态度。

我是她的 7 个孩子中的一个，她也有 6 个兄弟姐妹，正因如此，所以当我们的大家庭聚集在一起的时候，人数非常之多。我妈妈照顾我们的时候，还处于现代技术尚不发达的时代，而我们被她拉来心不在焉地干活儿，其实也没帮上什么忙。在我 9 岁时，我们家遭遇了一场灾难。我的顶梁柱般的父亲，因为我得了脊髓灰质炎而心烦意乱，发生了一场工业事故。他摔断了脊椎，余生都成了一个四肢瘫痪的人。

我的父亲也是一个非常伟大的人，一直以来都是我们家庭生活的稳固中心。他非常有趣、也很聪明，是周围人的灵感来源。我的母亲也是如此，她的生命能量和热爱永远不会减少。她总是有新鲜的事情可以做，总在学习新的技能。家庭聚会时，她总是第一个出现在舞池里的人。在生命的最后几年，她还学会了交际舞和做微缩模型。对我的母亲和父亲来说，他们的生理年龄和实际年龄都存在着本质的差别。

在晚年获得重大成就的人不在少数。本杰明·富兰克林（Benjamin Franklin）发明双焦镜头时已经 78 岁了；摩西奶奶（Grandma Moses）决定开始认真画画时也是这个年纪；阿加莎·克里斯蒂（Agatha Christie）62 岁时写出了世界上最长的戏剧；杰西卡·坦迪（Jessica Tandy）80 岁的时候赢得了奥斯卡最佳女演员奖；弗拉基米尔·霍洛维兹（Vladimir Horowitz）84 岁时开了他最后一场钢琴独奏会，座无虚席。

而如果你去看这些颇有建树的人三四十岁时候的境遇就会发现，他们那时的生活都是死气沉沉，几乎看不到什么改变和突破的机会。

如果你 50 岁了，经常锻炼大脑和身体，饮食健康，保持着生活的热情，那你一定比那个 44 岁，做着一份没有发展前途的工作，一天吃两顿鸡翅，认为思考太费脑子，总觉得白天就应该喝啤酒的邻居年轻在生理层面要年轻。

《明年更年轻》（*Younger Next Year*）的合著者亨利·洛奇博士（Dr. Henry Lodge）也提出了同样的观点。“事实证明，”他说，“70% 的美国人的老化并不是真正的衰老，而只是退化（decay），这种退化来自我们所做的事情。生活方式导致的所有疾病……糖尿病、肥胖症、心脏病、阿尔茨海默病，以及多种癌症和骨质疏松都是退化。大自然里没有退化，商店里才有，这些都是我们自己花钱买来的退化。”

“真实年龄”网站有一系列指标来计算你的“真正年龄”,而不是生理年龄。它考虑了与生活方式、遗传学和医学有关的多种因素。有趣的是，他们的研究表明，实际上你可以做出更好的选择让自己变得更年轻。

改善真实年龄的一种方法是通过锻炼和营养，照顾好自己的身体。我在非常赞同这一点，因为我住在加利弗尼亚。这里几乎每个人都会买杜邦公司的股票，乳制品和香烟对这里的人们的健康也同样重要。我也在尽力过着健康的生活，目标是每天做仰卧起坐，不吃甜点。但事实上改善身体状况不仅仅是锻炼和饮食的问题。

发现天赋的基本箴言之一是，我们需要重新认识自己，并看到自己的全貌。我们寻找天赋的最大障碍之一是，相信自己的思想能在某种程度上独立于身体，就像公寓里的租客一样，或者我们的身体只是承载大脑的工具而已。一些研究结果显示，身体健康不仅会影响我们的智力和情感活力，而且我们的态度也会影响自己的身体健康。这些观念也是我们的常识，同样重要的是，我们还应该保持大脑的年轻状态。笑声、好奇心及冥想也可以给身体带来明显的益处。

很多人还有着另一个疑问：现在开始寻找天赋是不是太晚了？答案很简单：不！当然不是！即使在身体随着年龄增长，退化到了无法取得某些成就的情况下，天赋依然还是可以找到的。我永远不会赢得短道速滑项目的金牌，但是如果这项运动对我意义重大，我就能找到方法加入那个圈子，运用我可能已经具备和能够具备的技能，为世界做出有意义的贡献。

保持可塑性

保持可塑性的意思就是，在进入人生新阶段的时候，我们还可以继续提升自己的创造力和智慧。在我们年轻的时候，一切都充满了奇迹。婴儿的大脑非常活跃，具有巨大的可塑性和潜能。婴儿大脑里有 1 000 亿个神经元，它可以形成无限多种连接，在与世界的接触中，建立科学家口中所谓的“神经回路”。我们的大脑在某种程度上已经被基因预设了，但经历依然会对我们将成为什么样的人，以及我们的大脑如何发育产生影响。

举个例子，你可以试着想一想我们是怎样学习语言的。学习说话是孩子生命中最不可思议的成就之一。对我们大多数人来说，对语言的学习发生在我们生命中的前几年。没有人会专门教给我们语言，我们的父母也不会。他们不可能做到这一点，因为口语实在是太复杂、太微妙了，充满了变化，通过教学使孩子学会语言是根本做不到的。当然，父母和其他人都会在孩子学说话的时候进行指导、纠正，给予鼓励和赞赏。但婴儿是不会根据指令来学说话的，他们是通过模仿和参考他人来学习的。人类生来就具备深层的语言本能，从出生的那一刻起这种本能就被激活了。

婴儿能够本能地识别他人的声音和音调代表的意义和意图。出生在有宠物狗的家庭的婴儿知道如何对狗的声音进行反应。而且，他们不会混淆这些声音与人类的语言，大多数孩子都不会把狗吠作为沟通语言。

我们的语言能力似乎没有任何明显的限制。出生在多语种家庭的孩子本能地就能学会多种语言。他们不会因学习能力有限而说：“别让祖母待在这里了，我应付不来她的方言。”小孩子往往能学会他们接触到的所有语言，而且能毫不费力地相互切换。说到这里，我想起了几年前遇到的正处于学龄期的三兄弟。

他们的母亲是法国人，父亲是美国人，全家人生活在哥斯达黎加。他们能说流利的法语、英语和西班牙语，并且以这三种语言创造出了一种只有在他们家人交流时才使用的特殊语言。

而另一方面，如果你出生在一个单语言环境的家庭里，也没有主动学习其他语言，直到上中学必须选一门外语的时候，学习一门新语言就变得难多了，因为你已经形成了大量母语的神经通路。换句话说，就是关于如何针对具体的事物组成句子，甚至发音的嘴形，你都已经获得了大量是非对错的观念。而如果等到 30 岁再开口说一门外语将会更难。

神经学家苏珊·格林菲尔德（Susan Greenfield）以一个 6 岁的有一只眼睛失明的意大利男孩为例，展示了年轻大脑惊人的可塑性。那个意大利男孩失明的原因是一个谜。根据眼科医生的说法，他的眼睛器官其实很正常。后来，他们最终发现，那个男孩小时候一直在接受针对轻微感染的治疗。治疗过程中，他的眼睛被包起来持续了两个星期。虽然这种治疗方式对一个成年人视力的影响微乎其微。但对一个那么小的孩子来说，从眼睛到大脑神经回路的形成是一个非常微妙和关键的过程。由于被包扎的眼睛没能在这个神经回路形成的关键期里运用视力，大脑就以为这部分的视力需求是不存在的。格林菲尔德说，“不幸的是，被包扎的眼睛让大脑误以为这个男孩的余生都不再用这只眼睛了”，这就是他那只眼睛永久失明的原因。

年轻的大脑是一个不断发展变化的机体，对环境的反应极其活跃。在早期发展阶段中，我们的大脑会经历一个认知科学家称之为“神经修剪”（neural pruning）的过程。从本质上讲，这个过程减去了我们无意识的、没有长远价值的神经回路。当然，每个人身上出现的修剪都是不同的，但它却是发展中非常必要的一部分。“神经修剪”对大脑的作用就犹如修剪对于树枝的作用一样，通过剪掉那些多余的枝干，得以使数目本身保持继续增长和提升整体高度。它会关闭那些我们不再使用的路径，而为我们经常使用的路径腾出空间。因此，我们天生的巨大能力是通过内部生物过程和外部世界经验的不断平衡，从而被塑造、调整、拓展和约束的。

然而最好的消息是，大脑的生理发育不是单向的线性过程。我们的大脑到我们拥有第一辆车时也不会停止发育，虽然保险公司热切希望这些孩子都已经发育成熟了。哈佛大学神经生物学家杰拉尔德·菲施巴赫（Gerald Fischbach）对大脑细胞的数量进行了大量研究，他已经确定人类毕生都保留着绝大多数脑细胞。大脑包含的神经元的平均数量比我们一生中可能用到的还要多，即使我们的寿命与前人相比已经大大增长了。

此外，有研究表明，只要我们积极活跃地运用大脑，在我们变老的时候，就依然可以继续形成神经回路。这不仅赋予了我们发展创造性思维的潜力，也能激励我们更加深入地探索自我。一些强有力的证据表明，人类的大脑具有深刻的创造性思维，我们可以通过刻意的训练，恢复和更新许多潜在天赋。正如体育锻炼可以增强我们的肌肉一样，大脑运动也能提升我们的创造力。

现有大量的研究在探索成年人大脑细胞的形成。很明显的是，与我们一个多世纪以来的认识相反的是，大脑在持续不断地生成新细胞，而某些心理技术还可以加速这一过程，如冥想。

我们会欣赏那些在晚年获得卓越成就的人，比如乔治亚·奥基弗（Georgia O’Keeffe）、阿尔伯特·爱因斯坦（Albert Einstein）、保罗·纽曼（Paul Newman）

和贝聿铭，但我们不应该认为他们取得的非凡成就，是因为他们是在晚年才开始的。事实上，这些卓有成就的人一直以来都保持着大脑的敏锐性，所以才可以继续追求更高的成就。我们不应该为他们在高龄时所获取的成就而惊讶，因为他们在年轻也往往表现出色。

我之前提到过，一个百岁老人不太可能在《天鹅湖》里领舞。这并不是不可能，只是不太可能，原因在于我们的一些能力会随着年龄增长而衰退，尤其是身体运动能力，至少在医学取得突飞猛进之前是这样。否定这一点没什么意义，而那些不相信这一点的人只会在公共场合面临尴尬。

但是，并非我们所有的能力都会随着年龄的衰老而退化，就像意大利的帕尔梅桑奶酪（Parmigiano-Reggiano）一样，也可能是越陈越香。我们的人生也可以分为四季，每个季节都有不同的可能性，主要是会根据我们所做事情的不同而发生变化。举个例子，人们普遍觉得我们的数学能力会在二三十岁的时候达到峰值。当然，我说的数学能力并不是你算购物清单，和球队赢得“超级碗”的概率的能力，我说的是世界级的数学家研究高等数学的能力，就像陶哲轩那样。大多数数学天才在我们申请第一笔抵押贷款的年纪，就已经有了非常突出的成绩，如果我们也同样擅长数学，大概就不会去申请贷款了。学习演奏乐器也是同样的道理。

但在其他方面，成熟度才是真正的优势，特别是在艺术方面。许多作家、诗人、画家和作曲家，随着年龄的增长，因为洞察力和敏感性的增强，反而创造出了他们最伟大的作品。其他学科，比如法律、烹饪、教学和景观设计也是如此。事实上，在经验起着重要作用的所有学科中，年龄都是一种财富，而不是负担。

所以，如果你觉得各种时候都可能“太迟”，首先取决于你追求的是哪一方面的天赋。如果是要进入国际体操赛事，15 岁的时候可能就已经太晚了。而如果是开发一种新的菜肴风格，任何时候都不会“太迟”。对于大多数人来说，我们根本还没有到“太迟”的时候。

永远投入，永远年轻

将生活看作线性和单向的结果之一，是会导致一种以年龄对人进行区分的文化。我们将很小的孩子送去托儿所，然后把大一点的孩子送到幼儿园，我们对青少年进行批量教育，把老人送入养老院。我们这么做似乎都有着充分的理由。毕竟，正如盖尔·希伊（Gail Sheehy）几十年前所说的，我们的人生有着预知的段落，因此，为这些阶段创造最优化的环境存在一定的意义。

然而，我们也有充分的理由挑战这些充满了年龄歧视的阶段划分。一个鼓舞人心的案例，是俄克拉荷马州塔尔萨的詹金斯学区（the Jenks school district of Tulsa）实行的一个独特的教育计划。

挑战年龄界限的“雅活园”

俄克拉荷马州内有一个全国闻名的早期阅读计划，主要是为全州 3 ~ 5 岁的孩子提供阅读课程。而詹金斯区提供了一个独特的版本，这个计划是由詹金斯区另一个机构的负责人在遇到当地教育官员后发起的。这位负责人之前听说过阅读计划，也想看看这家机构是否可以提供一些帮助。教育官员对这个想法给予了积极的反馈，在清理了一些官僚障碍后，接受了类似机构的帮助。另一个类似的机构一家名为“雅活园”（Grace Living Center）的养老院。

在接下来的几个月里，该地区在雅活园的中心地带建立了一个学前班和幼儿园。教室由透明的玻璃围建而成，顶部有一个可以散去声音的窗口，教室就位于雅活园主体建筑的门厅前面。孩子和老师每天都会跟其他幼儿园里一样，走进教室展开活动。由于幼儿园建在门厅里，所以雅活园的住户们要去吃饭，就会每天至少经过他们的教室三次。

一等到教室开放的时候，许多住户就会停下来，透过玻璃围墙看里面正在发生什么。老师告诉那些住户，孩子们在学习阅读。在一个又一个的人经过后，有几个住户就问，他们能不能帮上什么忙。老师们对此感到很高兴，于是他们很快就建立了一个名为“阅读伙伴”（Book Buddies）的项目。这个项目将很多退休老人和孩子进行了配对，老人在听孩子们读书的同时，也会读给孩子听。

这个项目已经取得了一些显著成果。其中一点是，雅活园里的大多数孩子在标准化阅读考试中的成绩要优于州内其他孩子。离开这个项目时，超过70%的5岁孩子的阅读水平，已经达到了三年级或者更高的水平。但是孩子们学到的绝不仅仅只有阅读。当孩子们和阅读伙伴坐在一起时，他们能和成年人进行各种主题的丰富对话，尤其是这些老人在俄克拉荷马州的童年记忆。孩子们会问这些老人小时候的ipod是什么样的，老人们则会解释他们小时候跟现在的孩子完全不一样。他们讲述着七八十年前甚至九十年前的故事，这些孩子从亲眼见证家乡几十年变化的老人那里，获得了完整的家乡发展史。家长也对这样的课外收获特别满意，所以大家争相报名那所幼儿园，以至于园方不得不采用抽签的方式，选出能坐在那60张课桌上的孩子。

雅活园还在发生一些别的变化：这些老人的药物治疗水平出现了大幅下

降。参加“阅读伙伴”计划的许多老年人已经停止或减少了药物使用。

为什么会有这样的效果？因为参与这个项目的老年人重新开启了人生。他们不再无所事事地无聊度日，而是有理由在清晨早起，再次感受到新的一天带来的兴奋。因为他们感受到了创意的能量，甚至达到了延年益寿的效果。

孩子们也学到了其他东西。在项目实施过程中，老师有时会告诉他们，他们的某个阅读伙伴不能来了，这个人已经去世了。所以孩子们在很小的时候就明白：生活有它自己的节奏和周期，哪怕是跟他们非常亲密的人也存在于这种周期之中。在某种程度上，雅活园恢复了一个古老的、传统的代际关系。生命之初和生命最后总是有一种非常神秘的联系，而他们似乎能以一种不可言传的方式达到深层而本质的理解。西方社会中常常会讲两代人分离，而“阅读伙伴”项目简洁而深刻地表明了两代人融合带来的更多可能性。它也表明，如果有恰当的环境和激发条件，老年人也可以恢复遗失已久的能量。

从苏珊·杰菲斯到茱莉亚·查尔德，再到“阅读伙伴”项目，这些案例都让我们认识到：那些超乎寻常、提升人生的事情，可能发生在我们打破所谓的人生惯例时，或者当我们重新思考人生道路时，或者出于什么原因而重温所爱之物时。**我们可以在人生的任何一段时间开启一个新的方向，也有能力在任何年龄发现自己的天赋。**演员索菲亚·罗兰（Sophia Loren）曾经说过，“不竭的青春源泉是‘存在’的，那就是你的思想、你的才能、你带给自己人生的创造性，以及你带给你所爱之人的可能性。当你找到了这个源泉，你就能击败年龄，真正地永葆青春”。

天赋是一种更具活力、更加整体性的人类存在的概念，在这种概念中，我们生命中的不同部分不是相互隔离的，而是相互作用、相互影响的。

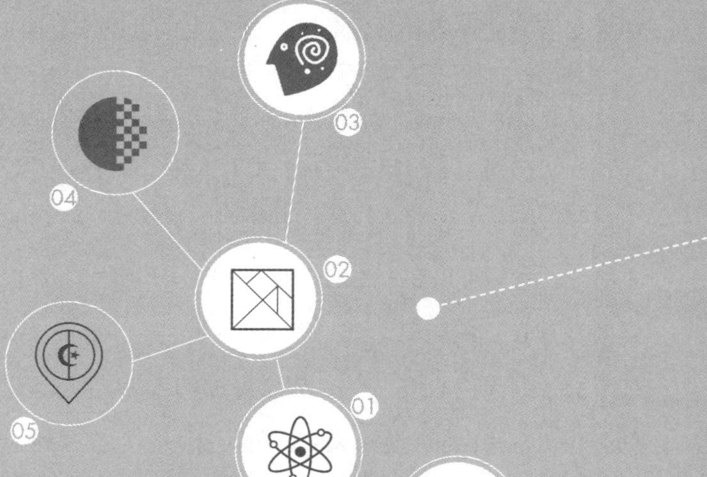

THE ELEMENT

10 选择职业还是爱好

How Finding Your Passion Changes Everything

THE ELEMENT 斜杠青年

加布里埃尔·特罗普(Gabriel Trop)是一位杰出的学者。我见到他的时候，他正在加州大学伯克利分校攻读德国文学的博士学位。这项学习对他来说意义重大，但并不是他唯一热爱的事业。他身上还有着对音乐无法抑制的热爱。“如果失去了双手，”他对我说，“我的生命就结束了。”

然而，特罗普从未想过要成为一名专业的音乐家。事实上，他很长一段时间内都不想演奏音乐。在读高中的第一年，特罗普很同情那些学音乐的学生，因为他们总是拖着沉重的乐器盒子穿过整个校园，还要比其他人提前几个小时去学校进行排练。他才不想选择那样的生活呢，尤其是要在学校多待几个小时。所以他暗暗发誓，坚决不学习音乐。

然而，有一天，在学校的必修音乐课堂上，特罗普在琴键上叮叮当当地随意敲打着，他发现自己很容易地就能弹出曲调来。随着逐渐沉浸其中，他意识到自己其实很喜欢弹琴。而当老师在身边踱来踱去的时候，他试图在音乐老师面前掩饰自己内心的喜悦，但没有成功，因为老师告诉特罗普，他的耳朵很灵敏，并建议特罗普去音乐室看看有没有他感兴趣的其他乐器。

特罗普的一个朋友会演奏大提琴，仅仅出于这个原因，特罗普就决定他也想试试这个。在拉了一下琴弦后，他发现自己爱上了大提琴的形状和大小，以及它深沉而浑厚的声音。那把大提琴透着“中学时代美妙的油漆气味”。因此，他决定打破自己的誓言，给大提琴一个机会。刚开始的练习很随意，但他很快发现，自己爱上了这种乐器，花在练习上的时间也越来越长。

从那时开始，特罗普练习得很频繁，强度也越来越大，几个月之后他就已经拉得相当好了。不到一年，他就成了学校管弦乐团的首席大提琴手。当然，这意味着他变成了自己之前眼中的那些学音乐的学生：必须早早来到学校，拖着笨重的琴盒穿过整个校园。

同时，特罗普也喜欢文学、德语和学术工作，这意味着他必须在人生早期就在音乐和学术之间做一个的艰难决择。经过长时间的心理斗争，他最终选择了德国文学作为专业，因为他觉得这样做会有时间继续拉大提琴，而如果他投身音乐事业，练习所需的时间将使他几乎不可能深入地探讨德国诗歌。

“我选择了文学，因为在我看来，这样可以兼顾音乐训练的强度，如果我选择做一名专业的音乐家，我对文学的投入将会被大大缩减。这个安排是我能想到的兼顾大提琴演奏和文学学习的完美方法。”

现在，特罗普依然能每天练习几个小时，并继续参加演出，他最近还和加州大学伯克利分校交响乐团合作了大提琴协奏曲。他简直不知道如果没法经常沉浸在音乐的练习和享受中，自己该怎么生活。他说，如果仅仅称音乐是一个爱好是很荒谬的，音乐是他生命中必不可少的一个元素。在音乐中，他找到了自己的天赋。

特罗普掌握了“天赋”这个词的真实含义，所以他选择成为一名业余的音乐家，而其他任何方式都达不到这样的意义。

专业 + 业余 = “专业余”

在最基本的水平上，任何领域的专业人士都是在这一领域谋生的人，业余爱好者则不是。但“业余爱好者”和“专业人士”往往意味着资质和专业知识上的不同。人们常常认为业余爱好者就是二流的，即那些表现次于专业从业者的人，就好像业余爱好者只能是那些当地剧院里动作夸张、表情浮夸的演员；是那些在高尔夫球场只能得到 100 多分的人；或者是在当地免费报纸上写一些有关宠萌小故事的人。当我们称之为“业余”时，我们采纳的是这个词贬义的一面。我们会认为自己评论的东西根本够不上专业水平，再努力也只能带来尴尬。

有些情况下区分专业人员和业余爱好者是很合理的，毕竟他们的成就有很大的差别。如果去做输精管结扎手术，我绝对会选择以此为生的医生，而不是那些偶尔试手的业余人士。但是，专业人士和业余爱好者之间的差异通常都无关资质，而关乎他们的选择。很多人都像特罗普一样，能够在他们喜欢的领域达到专业水平，而只是选择不以此谋生而已。他们不是这个领域的专业人士，因为他们不从中赚钱。根据定义，这样的人就是业余爱好者，但他们的技能并不是业余的。

“业余爱好者”（amateur）一词来源于拉丁文 amator，意思是爱人、忠实的朋友，或者狂热追求某种目标的人。在最原始的释义中，一个业余的人就是有所热爱的人。业余爱好者做他们喜欢做的事情，只是因为他们酷爱它，而不是以此为生来支付账单。换句话说，真正的业余爱好者是在他们热爱的事情而非工作中找到了自身天赋的人。

在英国智库 Demos 的《专业余革命》(*The Pro-Am Revolution*)报告中，查尔斯·利德比特(Charles Leadbeater)和保罗·米勒(Paul Miller)强调了一种业余爱好者的崛起：他们的标准越来越高，有时甚至能产生比专业人士更大的突破，所以又被称为“专业余”。在许多情况下，新技术会催生业余爱好者无法承受的昂贵设备，比如望远镜的 CCD 芯片、音乐家的专业乐器、家用电脑的复杂视频编辑软件等。利德比特和米勒还提到了嘻哈音乐，这一音乐流派就是从磁带这种音乐传播方式流行起来的。

报告指出，Linux 操作系统是一大群程序员利用他们的业余时间共同协作开发出来的；而导致取消第三世界国家数百亿美元债务的“千禧 2000 债务运动”(Jubilee 2000 debt campaign)，是由没有任何专业游说经验的人们请愿发起的；更有一位业余天文爱好者使用 25 厘米的望远镜发现了一颗超新星。

“专业余的人是作为业余爱好者来进行活动的，主要驱动力是出于热爱，但是他们也可以达到专业标准，”利德比特和米勒说，“专业余的人不可能从自己的消遣中获得太多收入，但他们对此的追求充满了专业人士一般的奉献和坚持。对专业余人士来说，休闲不是消极的消费主义，而是活跃和参与的，包括运用公众了解和认可的知识和技能，而这通常是建立在长期的职业生涯基础上的，同时也意味着牺牲和挫折。”

利德比特和米勒将专业余称为“新的社会混合”(a new social hybrid)，指的是他们在职场之外寻找自己热爱的事业，但却投入了休闲娱乐所缺乏的能量和投入。专业余的人们发现了自己尚存的能量，以此弥补不够有趣的工作。有些人身为业余爱好者也同样可以获得伟大的成果。亚瑟·克拉克（Arthur C. Clarke）是一位畅销科幻小说作家，是《太空漫游 2001》（*2001: A Space Odyssey*）和《与拉玛相会》（*Rendezvous with Rama*）的剧本作者。在开启写作生涯的时候，克拉克已经是英国皇家空军的一名军官了。在那里，他近距离观察了空军雷达部门的科学家们的工作。1945 年，克拉克在《无线世界》（*Wireless World*）杂志上发表了一篇题为《地球外的转播：火箭站能覆盖全球广播吗》（*Extra-Terrestrial Relays: Can Rocket Stations Give World-Wide Radio Coverage?*）的文章，文中提出了利用对地静止轨道上的卫星进行电视信号全球广播的想法。

大多数科学家都只把它当成是科幻小说的另一个题材。然而，克拉克对此有着非常浓厚的兴趣，他进行了仔细深入的研究。而现在我们都知道了，他当时的建议在技术上绝对是先见之明。克拉克提到的那个对地静止轨道现在已经被命名为“克拉克轨道”（the Clarke orbit），如今已经有成百上千的卫星在使用它。虽然克拉克已成为《纽约时报》畅销书排行榜上的名流，但他作为一位业余爱好者的成果，特别是在给《无线世界》的编辑写信推荐他的那篇文章之前，却在国家航空航天博物馆展出了。

苏珊·亨德里克森（Susan Hendrickson）曾经连一份稳定的工作都没有。她从高中退学后成了一名熟练的深潜潜水员，通过自学认识了很多罕见的海洋标本，成为一名昆虫琥珀化石专家，她还是多个领域的探险家和冒险家。1990 年，亨德里克森加入了黑山地质研究所（the Black Hills Institute of Geological Research）在南达科他州的一个考古探险队。工作一开始的时候进展极其缓慢，探险队勘探了 6 处岩层，却没有任何重大发现。直到有一天，当团队中的其他成员都在镇上时，亨德里克森决定去看看另一处定位的岩层。在那里，她发现了一些小块骨头，而就是这些骨头让他们找到了迄今为止最大、最完整的一副霸王龙（Tyrannosaurus rex）化石，也是目前发现的为数不多的雌性霸王龙化石之一。这副骨架化石目前在芝加哥自然博物馆展出，被命名为霸王龙·苏（Tyrannosaurus Sue），因为是一名叫苏珊的业余考古学家发现了它。

专业余代言人

戴维·哈伯斯坦（David Halberstam）在他的著作《业余爱好者》（*The Amateurs*）中，写到了 1984 年 4 个奥运会运动员争夺金牌的故事。不像那些能将奥运冠军转化为巨额职业合同或代言的田径项目冠军或篮球运动员，哈伯斯坦描述的赛艇手没有什么能利用他们的胜利的机会。他们这样做纯粹是出于对这项运动的热爱，以及追求第一的成就感。

这本书中描写最多的是主角克里斯托弗·伍德（Christopher Wood）。哈伯斯坦将伍德称为“业余爱好者的代言人”。他放弃了事业、婚姻，享受着一心一意沉浸在这项关注者寥寥的运动中，追求不断突破的快乐。因为关注者甚少，所以伍德也没有获得任何商业赞助。31 岁的伍德对这项运动来说已经太老了，至少在奥运会的水平上来说，但他坚定地以此为使命。他是 1976 年奥运会的候选者，但因故没有参加当年的竞赛。1980 年，他身为队长，理应带队去莫斯科参赛。但为了抗议苏联入侵阿富汗，美国放弃了参加那届奥运会。

1984 年奥运会将是伍德争取金牌的最后机会。在双桨划艇这个小众的圈子里，他已经成了狂热的代言人。最后的结果是，伍德没有得到金牌。但这只是这本书讲述的故事的一部分，书中更多的贯穿的是伍德和其他划艇手对这项运动的热爱，以及他们纯粹将这项运动作为业余爱好从中获得的满足。伍德通过他非专业的努力，发现了自己的天赋。他的工作只是一份工作，划艇才是他的生命。

在寻找天赋的过程中没有必要放弃其他一切，也没必要每天就只做那一件事。对一些人来说，在他们人生中的某些阶段，让他们抛弃当下的工作或角色，去追求自己热爱的事业是不太实际的。别人选择不这样做有他们的原因。很多人会以一件事情谋生，然后在生活中创造时间和空间去做自己喜欢的另一件事情。有些人选择这样做，是因为它能带来更强烈的意义感；或者还有些人这么做，是因为他们觉得自己别无选择，只能将自己热爱的事情作为“副业”。

几年前，我在圣塔莫尼卡从经销商那里租赁了一辆新车。事实证明，这并不容易。曾经有一段时间，买汽车时我们唯一的决定是要还是不要。到了现如今，在消费者和消费者想要的车之间存在一个全方位的多重选择测试，包括成百上千种面漆、配饰、配件和性能指标。我对这种过度信息的决策并不擅长，就连早上穿什么这样选项不多且没什么风险的决策，我都需要帮助。当我下定决心要买哪辆车的时候，我的推销员比尔已经对此再熟悉不过了，他们都已经在计划举行年度聚会了。

当我们等待最终的合同流程时，我问比尔他没参加工作的时候想做什么。他十分平静地说：摄影师。我问他会拍摄什么，但内心觉得他会说家庭婚礼和宠物。但他说他想要当一名体育摄影师。我问他想拍什么体育运动。“就是冲浪。”比尔说。我很好奇，问他为什么。他说，他年轻的时候是一个冲浪者，就是单纯热爱这项运动的美丽和活力。他在任何有空的时候都会去马布里海滩拍照。多年来他一直在这样做，累计购买了数千美元的相机、三脚架和专用镜头。而在相对较长的假期里，他会去夏威夷和澳大利亚拍摄大冲浪。

我问比尔，他的照片是否发表过。他说曾经有发表过，接着他拉开了自己办公桌的抽屉。那里面满是高端的冲浪杂志，每一本杂志里都有他拍的图片，作品非常棒。

我问他是否想过以摄影工作为生。“我想过，”比尔说，“但是赚不到足够的钱。”尽管如此，冲浪摄影仍是他热爱的事情，是让他的人生具有价值的一件事。我快速地翻看着这些神奇且专业的图片又问他，经销店的老板觉得这些照片怎么样。“他根本不知道它们的存在，”比尔告诉我，“这和我的工作无关，对吧？”

我不确定他这样做是不是对的，这可能确实跟他的工作有关系，就像那些在工作之外追求天赋的人们一样。我的猜测是，比尔在拍摄冲浪运动中获得的满足感和兴奋感，可能使得他在乏味的工作中更容易获得高效，如帮助客户选择那些无聊的油漆样本和脚踏板。他在摄影作品中得到了宣泄，因此会在日常工作中更有耐心。

对这种宣泄出口的需求有很多种形式和例子。我发现的一个有趣的例子是公司的摇滚乐队。摇滚乐队跟公司的垒球队不同，因为垒球队往往会将收发室的年轻人收编，而这些乐队里往往有那些曾经梦想成为摇滚明星的公司高管。这些业余音乐家对演奏的热情表明，这样一个业余爱好为他们带来了工作中得不到的某种满足感，不管他们的职业多么成功。

多年以来，在纽约举行的摇滚音乐节一直资助着慈善机构“立足之地”（A

Leg to Stand On)。这个摇滚音乐节和其他音乐节的不同之处在于，除了几个敲钟者外，每个参演的乐队都是来自对冲基金领域的专业人士。“白天里，他们大部分人都在关注基金，”《对冲基金摇滚音乐节》(*Hedge Fund Rocktoberfest*)上的一篇新闻中写道，“但当关掉交易屏幕后，他们就开始玩音乐。”

表演者之一蒂姆·西摩（Tim Seymour）说：“晚上 11 点时，每个人都在想着第二天早上 4 点的火车，或是东京基金市场的开市。”当节目上演时，现场就变成了一场纯粹的狂欢。基金经理们演奏着经典曲目，甚至穿上了轻薄的外套充当替补歌手。日常工作和这种戏剧性十足的表演间形成了强烈的对比，所有迹象都在表明：所有人都得到了解放。

找到天赋对于平衡而满足的生活来说至关重要，它还可以帮助我们了解自己是谁。在如今这个时代，我们倾向于用工作来定义自己。在聚会和社交中，我们遇到的第一个问题通常会是：“你是做什么工作的？”我们都会老老实实地回答自己的职业：“我是一名老师”，“我是一名设计师”或者“我是一个司机”。如果你没有工作，就可能会感到有点尴尬，还需要找个借口。对于我们很多人来说，工作定义了我们，甚至定义了我们的自我认识，即使我们做的工作并不能表明我们对自己的认知。如果你的工作很没有成就感，这可能会非常令人沮丧。但如果我们的工作并非我们的天赋所在，要在其他地方发现天赋就更加重要了。

天赋可以让你做的其他事情更加丰富。做你喜欢或擅长的事情，哪怕一个星期，都会让生活变得美好起来。但在某些情况下，它还会带来你无法想象的转变。

卡勒德·胡赛尼（Khaled Hosseini）在 1980 年移民到了美国，并于 20 世纪 90 年代获得了医学学位，然后在湾区开始了内科医生的职业生涯。然而，在胡赛尼的心中，他知道自己想成为一位作家，他想讲述苏联入侵之前的阿富汗的故事。在继续自己的医学实践的同时，他开始着手写一本关于两个男孩在喀布尔成长的小说。这本小说就是《追风筝的人》（*The Kite Runner*），已经累计售出了 400 多万册，并在近期被拍成了电影。

胡赛尼追求着他最强烈的兴趣，尽管他在自己的本职工作中也非常努力，但职业之外的兴趣也深刻地改变了他。《追风筝的人》的成功让他拥有了更长的假期，可以专注于写作。他在 2007 年出版了自己的第二部畅销小说《灿烂千阳》（*A Thousand Splendid Suns*）。“我喜欢当医生，当患者把他们自己和他们爱的人交由我照顾的时候，我感到非常光荣，”胡赛尼在最近的一次采访中说道，“但写作一直是我热爱的事情，从童年就开始了。至少就目前而言，我因为写作而感到了非常幸运和被命运垂青。这意味着一个梦想的实现。”

跟卡勒德·胡塞尼一样，迈尔斯·沃特斯（Miles Waters）的第一份工作也是在医院。1974 年，他在英格兰开始当牙医。沃特斯的兴趣也在另一个完全不同的领域。沃特斯喜爱的是流行音乐。在学校的时候他就玩乐队，之后开始写歌。1977 年，沃斯特缩减了花在牙科上的时间，而将更多的时间转向了写歌。他花了几年时间，终于写出了几首热门歌曲，并开始在音乐领域谋生。沃斯特曾有一段时间辞去了牙科医生的工作，全职从事创作和制作，投身于吉姆·卡帕尔迪（Jim Capaldi，传奇摇滚乐队 Traffic 的成员）专辑的制作，里面都是来自埃里克·克拉普顿、史蒂夫·温伍德和乔治·哈里森的作品。他所在的圈子里还有保罗·麦卡特尼和平克·弗洛伊德乐队的戴维·吉尔摩。如今，他穿梭于音乐和牙科两大领域，在进行医学实践的同时还在担负创作和制作。

约翰·伍德（John Wood）在微软公司做市场部高管的时候，获得了一笔可观的收入。不过，在一次前往喜马拉雅山区的旅行中，他来到了位于贫困山区的一所学校。学校里有 450 名学生，但只有 20 本课外读物，其中还有一本不是儿童读物。当伍德问学校的校长，学校怎么会这么缺乏课外读物时，校长的回答让他下决心实施援助。伍德开始收集书籍，为这所学校筹集资金。由于工作繁忙他不得不在忙碌的日常工作之余的晚上或者周末进行这些活动。最后，他离开了微软，去实现他真正的使命：组建“阅读空间”（Room to Read），一个旨在为欠发达国家人民提供扩展阅读材料的非营利组织。他的几个同事都觉得他这样做太疯狂了。“很多人对此都难以理解，”伍德在一次采访中说，“当他们发现我离开公司是要去拉着驴子在山区送书时，他们以为我疯了。”但“阅读空间”不仅改变了伍德的人生，也改变了成千上万人的命运。截至 2010 年，该非营利组织已经创建了 7 000 多间学校图书馆，惠及了 300 多万儿童。

爱好会让你富有吗

休闲和娱乐有一个非常重要的区别，在一般意义上，这两个词都表明身体或精神恢复的过程，但是它们确实有着不同的内涵。“休闲”通常被认为是工作的反面，代表着一些轻松或被动的事情。我们常常认为工作是消耗能量的事情，而休闲可以使我们蓄积能量。休闲提供了一个喘息的机会，紧张工作中的放松是一次休息和充电的机会。而“娱乐”有着更积极的意义，字面意思也是重建自己（re-creating），它代表着需要投入身体或精神力量，但又是一项可以增强而不是消耗能量的活动。我觉得天赋与娱乐的关系大于与休闲的关系。

苏珊娜·彼得森博士（Dr. Suzanne Peterson）是一个培训公司的董事长兼

总经理，也是是亚利桑那州立大学全球管理和领导力学院管理学系教授。同时，她还是一位舞蹈冠军，两次赢得拉斯维加斯假日舞蹈精英赛冠军（the Holiday Dance Classic），以及 2007 年美国亚特兰大拉丁舞锦标赛冠军等。

苏珊娜在还是少女时参加了一些舞蹈课，但她从没有认真考虑过要将舞蹈作为她的职业。从上高中时苏珊娜就知道自己想要成为一位高管。“我小时候并不知道自己想要干什么，但我知道，我想要穿着西装跟一大群人说话，让他们都听我的话，拥有自己的头衔。我总是想象着自己出于某种原因穿得西装笔挺。我想要看到自己在一群人面前，发表一些重要的言论。跳舞在我小时候算不得我喜欢的东西。如果女孩子不想踢足球和打棒球，除了舞蹈，我们课余还能选什么当爱好呢？”

苏珊娜重新发现舞蹈的魅力出于一次偶然的机会。“我当时只是在寻找一个爱好，以及成就最佳自我的成就和动机。那时候，我 26 岁，正在读研究生。莎莎舞和摇摆舞那时正如火如荼，所以我进入社会舞蹈工作室想去看看，我开始模仿老师们的动作。慢慢地，我开始组织一些舞蹈班的课程，接着又开办了私人课程。我知道，舞蹈是我生命中巨大的一部分。它的实现真的是因为我认为自己具备必要的才能和某种基本能力。可能是因为我在学术方面接受的训练，使得我对舞蹈的关注就像我对待其他学科一样认真专注。”

我学舞蹈真的跟学习其他学术科目一样。我有很强的视觉感，我坐在飞机上的时候，仿佛能看到自己在跳所有类型的舞蹈。所以每当身体无法参加练习的时候，我就会在精神上练习。我能感觉到音乐，也能感觉到情绪。我还可以看到面部表情。进行这些精神练习之后，我第二天就会去舞蹈工作室，而我的表现也可能会更好。

> 我的舞伴会问："你怎么在一夜之间就跳得更好了？你昨天不是去费城了吗？"我就会说："嗯，我在飞机上练习来着。"我确实在脑海里完全不间断地练习了两个小时。
>
> 我对待舞蹈的方式跟我对待职业的方式一样：必须付出 110% 的努力才能变得强大而有力。随后我认识到，这样的强势对舞蹈来说可能有点过了。就像突然间失去了温柔，完全呈现在他人的面前。而在商业领域，就是要有力量和信心这些东西。舞蹈是敏感和充满感情的，是柔软的东西。这两件事情虽然截然不同，但是我都同样喜欢。

苏珊娜似乎已经以多种方式找到了她的天赋。她爱她的职业，也爱她的兴趣。"如果真的要我在自己热爱的领导力方面有所传授的话，我感觉和跳舞是一样，只是它有一种不同的情感。我能感觉到强大的自信和与观众的联结，以及我想要有所突破。我会在跳舞中感到敏感多一点，信心少一点。但这些都是不同的出口而已，在舞蹈之中，我完全被吞没了，充满了感动的情绪。"

总之，苏珊娜为自己的生活增添了意义，因为她选择了一种更充实的娱乐方式，而不仅仅是找乐子而已。"这比我专门学习沟通时获得了更多有关沟通的东西。你意识到了你对于他人的意义。如果你心情不好，你的舞伴在碰到你手的那一刻就知道了。因此，我在脑海里能感受到完美的伙伴关系和完美的沟通。我会因此感到非常高兴。"

> 这是一种流动的经验。我的意思是，它是一个完全的释放。我会想任何东西既不想任何生活中的好事，也不想任何不好的事情。即便身边有枪声，我也绝对不会分心。太神奇了！

苏珊娜的妹妹安德烈亚·汉娜在洛杉矶做行政助理工作。像苏珊娜一样，她也找到了工作之外能给她带来更多生命维度的追求。

“直到上高中之前，我都不喜欢写作，”汉娜告诉我，“我的英语老师告诉我们要写一篇有关选择的大学入学作文。跟面对大多数作业一样，我非常害怕地坐了下来，打算写一篇等着被评分的五段文。尽管如此，我还是写了一些我感觉自己还没有为大学生活做好准备的内容，而我又觉得自己在多么激动地期待着人生的新篇章。这是我有史以来写的第一篇带着幽默感的文章，也是我第一次写有关自己的文章。令我惊讶的是，我的老师很喜欢它，并在全班同学面前阅读了这篇文章，她还把它推荐给了写作比赛。我赢得第一名，还被要求在一大群女性作家面前阅读我的作品，我甚至在报纸上看到了我的照片！这对我来说太令人兴奋了，也为我走进大学打了一剂强心针。

> 有人一直告诉我，我有成为作家的天赋。人们总是说：“当我读到这篇文章，我就想到了你。”在大学的时候，我开始给朋友们偶尔写一些情景剧的邮件来打发周末。我会把我的每一个朋友编成一个人物角色，把故事打磨到我认为恰如其分的幽默程度。渐渐地，我的电子邮件开始在朋友之间流传，并且很快就收到了夸赞我作品非常出色的陌生人的来信。就好像我在自然而然间就发现自己擅长某些东西，这种感觉很棒。
>
> 在大二到大三之间的暑假，我找到了一份电台接线员的工作。不到一个月，我已经开始为电台写一些有趣的插播小广告。经理很喜欢我的想法，并把它们放在了节目中。我所有的朋友都会打开收音机收听我写的那些有趣的广告语，其中许多条也让我自己很惊讶。我的作品得到了认可，也收到了曾经寻求的积极反馈，这让我感觉

非常好。

随着工作得到赏识，我开始意识到，我可能具有某种可以作为职业的天赋。大学毕业后，我进入了娱乐圈。我做过几份为电视编剧和电影制片人打工的工作，以此学习专业知识。在给领导买咖啡和洗车的职位上待了几年之后，我意识到很多所谓的“梦想职业”其实都是没有什么创意的工作。有一次，我梦想自己成为《周六直播秀》（*Saturday Night Live*）节目的编剧，但在了解到这个节目每周更新的高压环境后，就丧失了对它的憧憬。我开始想：“为什么要任由一个工资条来断定我的天赋呢？”归根结底，我只是喜欢逗别人笑，如果我的一个草图、一个短篇故事，或一封有趣的电子邮件能使某人突然大笑起来，这对我来说就够了。在认识到这一点后，我成了一个更快乐的人。

当我仔细回想的时候，我觉得我喜欢写诙谐作品的原因在于：我做这些的时候觉得自己机智、聪明。这么多年以来，因为在学校里的成绩不好，我一直觉得自己很蠢。写作给了我信心，让我感觉到一个更完整的自己。

这种形式的娱乐可以给我们的生活带来一种适当的平衡，生存与生活之间的平衡。我们是否能为自己的天赋奉献大部分时间，对我们的幸福感而言很重要。有越来越多的人加入了官方和非官方的群体、网络、盛会等，用以分享和庆祝大家的共同兴趣与创意，包括唱诗班、戏剧节、科学俱乐部和音乐营。情感和精神上的满足对于个人幸福，跟不得不做的工作带来的物质满足同样重要。

对于幸福感的研究是一个相对较新的研究领域。我们可以把起源算在亚伯拉罕·马斯洛（Abraham Maslow）身上，因为他建议我们花更多的时间来理解积极特征的心理学，而不是只关注我们的精神疾病。不幸的是，大多数同时代的人都没有在意他的提议。然而，在马丁·塞利格曼（Martin Seligman）[①]成为美国心理协会的主席后，这个想法获得了极大的吸引力，并形成了一个流行词汇“积极心理学”（Positive Psychology），塞利格曼甚至宣布，他整整一年任期内的目的，就是要引导深入探索让人类蓬勃发展的因素。从那以后，科学家们又进行了许多关于幸福的研究。“幸福的人似乎比其他人享有更多的乐趣，”迈克尔·弗迪斯（Michael Fordyce）在他的《人类的幸福》（*Human Happiness*）这本书里写道，“他们有更多喜欢做的事情，在一天或者一周内，他们总是会花更多的时间从事有趣、兴奋和愉快的活动。”

发现天赋并不一定能让你变得更富有。事实上，也可能恰恰相反，探索你热爱的东西，可能会导致你辞去投资银行家的高薪工作，转而追求自己开披萨店的梦想。发现天赋也不一定能让你出名，更受欢迎，以及带给你家人什么好处。对每个人来说，身处天赋之中，即使只是一部分时间，也能给他们的生活带来更多的丰富性和平衡感。

天赋是一种更具活力、更加整体性的人类存在的概念，在这种概念中，我们生命中的不同部分不是相互隔离的，而是相互作用、相互影响的。

俄罗斯小说家亚历山大·索尔仁尼琴已经洞察到了这一切。“如果你想要改变世界，”他说，“你会从谁开始？先改变你自己还是他人？我相信，如果我们都能从自己开始，做好自己应该做的事情，成为自己可以成为的最好的人，我们才有更大的机会将世界改造成更好的样子。”

① 美国心理学家，曾获美国应用与预防心理学会终身成就奖，其积极心理学著作《持续的幸福》《真实的幸福》《活出最乐观的自己》《认识自己，接纳自己》《教出乐观的孩子》中文简体字版已由湛庐文化策划，浙江人民出版社出版。——编者注

教育转型的关键在于个性化而非标准化，在于发现每个孩子的天赋并让他们实现成就，让学生置身于他们想要学习的环境中，让他们在其中可以自然地发现自己真正热爱的东西。

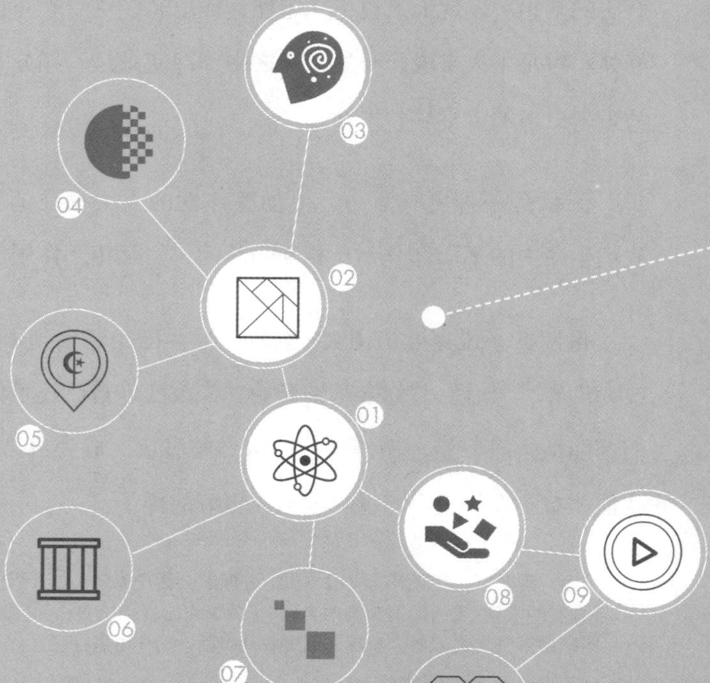

THE ELEMENT

11 未来的教育，实现天赋的教育

How Finding Your Passion Changes Everything

在这本书中，我们看到很多人在学校时的成绩都不是很好，或者不喜欢自己的学校。当然，也有很多人成绩优秀、热爱学习。但现状是，当前有太多的研究生提前离开学校，因为他们不确定自己真正的天赋是什么，不知道未来的方向在哪里。太多人感觉到他们擅长的事情并没有得到学校的认可，还有太多的人居然觉得自己什么也不擅长。

THE ELEMENT | 逃离学校的创业家

有时候，对于一些伟大的人来说，离开学校或许是更好的选择。理查德·布兰森爵士（Sir Richard Branson）于 1950 年出生在英格兰。中学时进入了斯托中学（Stowe School），他在那里很受欢迎，广交朋友，体育方面表现杰出。事实上，他尤其擅长运动，因此成了足球队和板球队的队长。他还在很早的时候就显示出了商业天赋。15 岁的时候，布兰森就已经开办了两个公司，一家公司卖圣诞树，另一家售卖澳大利亚的小型鹦鹉。无论公司是否成功，但都表明布兰森对这种事情有着明显的天赋。

但布兰森一点也不喜欢学校。他的成绩很差，不喜欢听讲。他也在努力适应校园，但就是浑身不舒服。终于，16 岁的时候他受够了，并决定再也不上学了。

布兰森在学校的经历让老师们很困惑。他明明很聪明，也很努力，总是风度翩翩，能够很灵活地运用自己的想法，但就是完全不符合学校的标准。对于布兰森辍学的决定，他的班主任评论道："当布兰森 21 岁的时候，他要么被关进了监狱，要么就会成为一个百万富翁，我也不知道会怎样。"

走出学校大门，布兰森需要找到他可以度过人生的事情。运动不是一个选择，因为他还不够资格成为一个职业运动员。然而，其他的事情激起了他的热情，他对于自己擅长的事情有一种很强烈的感觉：他会成为一名企业家。

理查德·布兰森很快就开办了他的第一家真正的企业，以及一本叫作《学生》（*Student*）的杂志。接下来，他在 1970 年又开展了唱片销售邮购业务。这一项邮购业务最终变成了一个唱片连锁店，也就是我们现在知道的"维珍唱片城"（Virgin Megastores）。这是使用"维珍"这个品牌名称的第一个企业，但绝不是最后一个。在建立唱片行不久之后，布兰森又开创了"维珍唱片"（Virgin Records）。然后，在 20 世纪 80 年代，他又开启了一个全新的业务——维珍大西洋航空公司，航空公司一开始并未支付任何现金，布兰森只是从波音公司租用了一架波音 747。而如今，他的维珍帝国已经包括了维珍可乐（Virgin Cola）、维珍铁路（Virgin Trains）、维珍燃料（Virgin Fuel），以及他最雄心勃勃的项目维珍银河（Virgin Galactic），这是旨在将人送入太空的第一个商业项目。布兰森放弃了学业，却成了一个企业家。班主任的预言成真了，起码布兰森确实在 21 岁变成了百万富翁。最后，布兰森终于知道了自己成绩不好的原因，他有阅读障碍。除此之外，这也让他理解数学变得非常困难。即使是现在，他已经身价百亿，却依然读不懂财务报表。很长一段时间内，他甚至无法区别毛利润和净利润。有一天，他的财务总监非常生气地将他从维珍董事会的会议上拉到一边说道："布兰森，你想想看，如果你去钓鱼，把渔网扔进大海，收网后你会保留捞上来的东西。这就是你的'净'利润，其他的都是毛利润。"

"最后，"布兰森说，"我终于知道了它们的区别。"布兰森创业的精神，以及在多个领域获得的巨大成功让他1999年被封为爵士。而当他在学校痛苦不堪的时候，谁能预计他能达到现在的成就呢。不过，也并非没有可能。"事实上，"他告诉我，"与我同时代的所有伟大的企业家在学校的成绩都不怎么样，他们也都迫不及待地离开学校，开创了自己的事业。"

保罗·麦卡特尼的学校经历倒不像理查德·布兰森那样沮丧。事实上，在加入披头士乐队之前，麦卡特尼一直想成为一名老师，而他完全不感兴趣的一件事情就是音乐。

> 我不喜欢学校里的音乐课，因为根本没有老师在真的教音乐。我们班里有三十几个来自利物浦的小男生。音乐老师每次上课走进来把古典音乐唱片放上留声机就离开了，其他时间一直在公共休息室抽烟。只要老师一离开，我们就会关掉留声机，安排一个人在门口放风，然后我们开始玩扑克牌、抽烟，整节课都是这样。这感觉很棒。我们把音乐课当作了扑克课。当老师回来的时候，我们会再把唱片放回去，乐曲正好接近尾声。他问我们觉得怎么样，我们就说：

“太棒了，先生！”我真的不记得音乐课上的其他任何事了，事实上，我们确实什么也没做。

音乐老师完全没有教给我们任何关于音乐的知识。即使当时的班里有乔治·哈里森和保罗·麦卡特尼，他也没使我们对音乐感兴趣。哈里森和我在同一所学校上学，我们都没有觉得自己在音乐方面有任何天赋。如果说确实有音乐天赋，唯一显露出来的就是可以组建一个小乐队或者别的什么。有时大家会在学期末弹吉他，列侬就在他的学校组建了一支这样的乐队。在学校里没有人会注意到你对音乐感兴趣，也没有人告诉我们关于音乐的任何事情。

对于个人和社会整体的幸福感来说，发现天赋是非常必要的。教育本应是我们发现天赋的主流途径，但现实中往往起到了相反的作用。对我们所有人来说，这是一个非常严重的问题。在许多教育系统中，这个问题甚至越来越严重，我们该怎么做呢？

我收到过世界各地的学生发来的许多电子邮件。这是一个 17 岁的新泽西学生看完我在 2006 年的 TED 演讲后写给我的信。

一封17岁孩子的来信

此刻，我正安静地坐在我的房间里。现在是早上 6 点，我却难以入睡。这一刻将永远改变我的人生。几周后，我即将参加高考，大学已经成了我目前生活的唯一主题。我讨厌它。这并不是说我不想上大学，而只是我想做其他不会压抑自己想法的事情。我对自己想做的事情充满信心，也将全部的时间都投入到了上面。但是，我身边的人都觉得获得博士学位，或做一些无聊的工作才是成功的关键。对我来说，将时间花在无聊、没有意义的事情上太糟糕了。这是我人生中的一个机会……这就是我想要的生活。如果我现在不努力去做，以后就再也没有机会去做了。当我的父母和我朋友们的父母知道我不想去医学院或者商学院，而要去做其他的事情时，那种表情真是让我厌恶。

不知何故，最近我在网上看到了一个视频，里面有人提到了在我脑子里琢磨了好久的想法时，我实在太开心了……如果每个人都想成为一名药剂师，那么以后医学界的工作就不再值钱了。我不想要钱，也不稀罕那些所谓的“豪车”。

在我的人生里，我想做一些有意义的事情，但几乎得不到什么支持。我只是想告诉你，你让我再次相信自己可以追求梦想，成为一名画家、舞台设计者、作曲家、雕塑家或作家，我真的感谢你给了我希望。当我做些另类的事情时，我的美术老师总是盯着我。我曾经把我的画笔漆泼到了她说是“已经完成并准备评分”的作品上。天呐！你简直不知道她的表情变成什么样了。学校里的限制实在太多了，而我想打破这些限制，听从自己在凌晨3点迸发的想法自由创作。

我讨厌画一些平淡无奇的鞋子或树，不喜欢这种“被打分”的艺术。从什么时候开始，艺术应该“被打分”了呢？我敢打赌，如果毕加索把他的画给他年迈的美术老师看，绝对会被赶出教室。我问我的老师，我能不能把雕塑和油画结合起来，这样我的雕塑就会有一种画的感觉，让人们觉得这些东西很生动，从而走向观众……她的反应是：绝对不可以！我即将去参加一个艺术工作室的大学先修课，他们也告诉我，我不能做三维艺术！这太荒谬了！我们需要

> 像你这样的人来新泽西州发表一两次演讲，就谈谈这种被轻视的创造力。
>
> 当我长大后，我大概会说成为一名艺术家实在是太痛苦了，因为我得到的反馈全是嘲笑和皱眉。为什么人们不能做他们喜欢做的事？难道幸福就是巨大的写字楼，就是大屏幕电视，就是看着股市里下降一个点的心惊动魄吗？这个世界已经变成了一个人口过剩、到处充满焦虑和竞争的地方了。但是，谢谢你饱含纯粹真理的19分29秒的演讲。我想为你鼓掌！

这个学生反对的，也是大多数人在当前教育中会遇到的两点。一点是我们在第1章里讨论过的学校里的学科等级结构。另一点则是从众比多样性更有价值。

象牙塔内外

公共教育给学生带来了从众的残酷压力。公立学校不仅诞生于工业主义的需求，也变成了工业化的“缩影”。在许多方面，公立教育反映了它所支持的工厂文化。特别是在高中，学校教育就像组装流水线和有效分工的系统一样，学校将课程划分为了不同的专业部分：一些教师负责安装学生的数学模块，其他老师负责安装历史模块。他们将一天划分成标准的时间单位，标志限界就是上下课铃声，就像一个工厂里宣布工作开始和结束的信号。学生根据年龄阶段批量接受教育，好像他们最重要的共同点就是生产日期。学生们在固定的时间参加标准化考试，而且在送去市场之前还要经过竞争淘汰。我知道这个比喻并不完全贴切，因为它忽略了许多复杂的系统，但两者确实非常类似。

当前的教育系统有很多优点，也获得了成功。对许多擅长传统学习方式的人来说，这个系统运行良好，而且大多数人经过 13 年的公共教育后，至少能够达到中等文化水平，这对一个 20 岁的人来说，确实能带来不同。但当前学生的辍学率也高居不下，尤其是在美国，而且学生、老师和父母的不满都更强烈了。**对于应对 21 世纪，越来越多的工业化教育的结构和特征已经开始摇摇欲坠。**这个问题的一个有力证据就是大学学位的贬值。

当我还是学生的时候，我的同龄人和我总是能听到这样的说法：如果我们努力工作，或者如果上了大学并拿到学位，余生都会有一份稳定的工作。那时，一个拥有大学学位的人失业是难以想象的。如果一个受过高等教育的人没有工作，那么唯一的原因就是他不想工作。

作为这类人中的一员，我于 1972 年离开了大学，也不想去工作。我从 5 岁就开始上学了，想要休息一下，我想去寻找自我，所以决定去印度，这是我一直想去的地方。最后的结果是，我没去印度，而是到了伦敦，那里倒是有很多印度餐馆。但我从未怀疑过，只要我出门找，就一定能找到工作。

而现在不是这样了。学生从大学毕业，不再保证他们一定能找到自己可以胜任的工作。许多顶尖大学的毕业生都会发现自己在做没什么技术含量的工作，或者只能回家规划下一阶段的人生。事实上，截至 2004 年 1 月，美国大学毕业生的失业人数，已经超过了高中肄业生的失业人数。这令人难以置信，但事实也确实如此。世界上许多地方都存在大学毕业生的问题。英国大学生招聘者协会（Association of Graduate Recruiters in the UK）的一份报告指出，2003 年开放给英国大学生的职位较上一年下降了 3.4%。每一个工作岗位平均有 42 人申请，而上一年的对应数据是 37 人，这意味着在好工作面前的竞争越来越激烈，即使接受过高等教育也是如此。

不过，在就业市场里有大学文凭确实比没有要好。美国人口普查局（U.S. Census Bureau）最近发布的一份报告表明，大学毕业生比高中生在一生中可以多挣100多万美元，而那些拥有更高专业学位的毕业生可以多赚300万美元。

但一个简单的真相是，大学学位的价值已经今非昔比了。一个大学学位曾经是一份好工作的护照。而现在，即使在最好的情况下，这也只能算一张签证了。大学学位只能给你提供就业市场的临时通行证。这并不是因为大学学位的标准比以前降低了。这种标准是很难判断的，主要还是因为拥有大学文凭的人更多了。在工业化时期，大多数人都在从事手工和蓝领工作，只有少数人能够上大学。那些人会觉得自己的学位证书就像威利·旺卡的金票①一样珍贵。而现在，很多人从大学毕业，用4年时间换来的大学文凭更像包装巧克力的金箔纸。

为什么会有那么多的大学毕业生？第一个原因是，至少在发达国家是这样，21世纪的新经济驱动着数字技术和信息系统方面越来越多的创新，这些行业越来越少地依赖于手工作业，而越来越多依靠我叔叔口中所谓的“大脑工作”。所以，越来越多的人需要更高水平的教育。

第二个原因是，世界上目前的人口总数比以往任何时候都要多。正如我前面提到的，世界人口在过去几十年间增长迅猛，总量达到了70亿，有望在21世纪中叶达到90亿。把这些因素结合在一起，有一些估计表明，未来30年的大学毕业人数将超过有史以来的大学毕业生总数。

① 《查理与巧克力工厂》电影中的幸运儿宝物。

根据经济合作与发展组织（Organisation for Economic Co-operation and Development）的数据，从 1995 年到 2005 年，最强大的国家经济体在这 10 年间的毕业率增长了 12%。超过 80% 的澳洲年轻人从大学毕业，挪威的比例也差不多。超过 60% 的美国学生获得了大学学位。

这一数字的巨幅增长导致的结果之一就是，大学的入学竞争异常激烈，即便是一些非名牌大学也是如此。

而这种压力也在催生一种新的补习行业，推动着为大学入学做准备的填鸭式教学，在日本尤其如此。日本各地都有“补习学校”（cram schools），而且还有一些连锁品牌。这些机构会对学龄前的孩子展开教育，有时甚至是从 1 岁的小孩开始，就为进入名牌小学的考试作准备，这被认为是进入日本高水平大学的第一步。在那里，小孩会练习文学、语法、数学和其他科目，想要由此获得“竞争”优势。此外，孩子们还会接受很多课余的补习，比如艺术和工艺等。日本人普遍认为，未来能否成为一名高管，在很大程度上在孩子们进入一年级的时候就已经决定了。

美国和世界其他地方也是如此。在洛杉矶和纽约这样的城市，幼儿园里面的竞争也非常激烈。孩子们 3 岁就要开始接受面试，用以判断他们是不是这块料。我想象着那些评委拿着这些孩子的简历，点评着他们迄今为止的成就：“你是这个意思吗？你已经在这个世界存在了快 36 个月了，这就是你做的吗？你似乎前 6 个月什么事都没做啊，只是躺着流鼻涕了吧？”

全世界各国都有补习学校。在英国，补习学校主要是帮助孩子通过大学入学考试，就像美国的预科课程一样。在印度，补习学校被称为“辅导班”（tutorials），用以帮助学生通过一些竞争性测试。在土耳其，“教室外”（dershane，土耳其语）系统旨在督促学生们出人头地，对学生在周末和上学日放学后进行更多的训练。

我很难相信这种对孩子施加太大压力的教育系统能带来什么好处，无论是对孩子本身而言，还是对于他们生存的社会。大多数国家都在努力地进行教育改革，但在我看来，他们的方式完全是错误的。

误入歧途的教育改革

地球上几乎每一个公共教育系统都在改革，包括亚洲、美洲、欧洲、非洲和中东地区。这有两个主要原因，第一个原因是经济上的。世界上的每个地区都正面临着同样的经济挑战：如何通过教育，让国民在这个飞速变化的世界里找到工作，并创造财富。第二个原因是文化上的，世界各地的不同社会都想享受全球化的好处，但又不想在全球化中丢失自己的身份，正如法国人希望自己很法国，日本人也希望自己很日本。文化身份总是在不断发展变化的，而教育则是每个社会用来控制其发展速度的方式。这就是为什么教育内容总能引起热议的原因。

许多政策制定者的错误在于：他们相信面对未来的最好教育是改良之前的做法。教育包括三个主要过程：课程，这是学校期望学生系统学习的内容；教学，这是帮助学生学习的过程；评估，这是判断学生学习效果的过程，而目前实行的大多数改革运动都只关注了课程和评估。

一般情况下，政策制定者总是想控制课程设置，指定学生应该学习什么。在这种前提下，政策制定者往往会强化以往的课程等级结构，也更加重视现存层次结构顶端的课程，这也是我们之前在“回归基础”里讨论的。在现实中，这种做法意味着他们会将其他学科及学生们擅长的学科，进一步推向教育系统的边缘。例如，在美国就因为《不让一个孩子掉队法案》的颁行，超过70% 的学区削减或取消了艺术课程。

政策制定者们往往也更加注重评估，这样做本身并没有错，问题在于他们使用的方法。一般来说，现行的改革运动都在日益依赖于标准化考试的普及，这样做的一个主要影响就是，阻碍了教育中的创新和创造力，而创新和创造力正是让学校和学生充满活力的东西。一些研究验证了无节制的标准化考试对学生和教师情绪的负面影响，而现实中也有很多这样的经验证据。

最近，一个朋友告诉我，他 8 岁的女儿在 10 月份说，她的老师自从学年开始就“没有教任何东西”。她说，这是因为她的学校坚持让老师们全心准备即将到来的全国标准化考试。我朋友的女儿觉得为了准备这些考试而无休止地审查实在太无聊了，她宁愿老师“教学”而不是做这些事情。有趣的是，当我的朋友和他的妻子在学期中家长会上遇到老师时，老师也抱怨说，她不得不在自己喜欢的阅读课上少花点时间，因为学校管理层强迫她关注学生每个阶段的学区测试成绩。

政策制定者总是会惩罚“失败”的学校。根据《不让一个孩子掉队法案》，连续 5 年达不到教育方针的学校，无论学校的社会经济及其他情况如何，都将面临免除教师或校长职务、学校停课、由私营机构或州政府接管的局面。于是，这些学校就会努力配合上级指令和标准化的教育氛围，几乎废除了所有有关创造性的努力，或是那些根据学生具体需求和天赋而进行的因材施教。

我在这里要说明的是，原则上我并不反对标准化考试。如果我去体检，我也会想要进行一些标准化检验。我想知道自己的血糖和胆固醇水平跟别人相比如何。我希望我的医生使用标准的测试和标准的参照值，而不是他在开车上班的路上想出来的。测试本身作为诊断的一部分是有效的，医生需要知道我的具体情况是什么原因导致的，并要让我知道，如果生理指标有异样我应该怎么办。对教育来说也是如此，以正确的方式运用标准化考试，可以为改善教育提供必要的数据支持。但当这些测试不仅仅是一种教育工具，而变成了目的本身时，问题就出现了。

无论教育效果如何，标准化考试现在都已经是一个大产业了。因为对标准化考试的依赖已经产生了非常可观的利润。根据美国审计总署（Government Accountability Office, GAO）的数据，美国每个州在 2002 年到 2008 年之间，花费在“不让一个孩子掉队”标准化考试上的费用将达到 19 亿 ~ 53 亿美元。这个数字还只包括直接成本，间接成本可能会是这些数字的 10 倍。这其中大部分的钱都流向了那些进行测试、管理和评分的私人测验公司。标准化考试已成为一个蓬勃发展的行业，根据美国审计总署的数据，这些测试公司 7 年间的收入可能大大超过 1 000 亿美元。

你可能会注意到，我还没有提到教学。在大多数情况下，政策制定者并不理解教学在提升教育水平中的重要性。基于在教育界几十年的工作经验，我觉得提高教育的最好方式主要不是改善课程，也不在评估方面，虽然这些事情都很重要。我坚定地认为：改善教育最有力的方法是，投资改善教学环境和优秀教师的地位。如果没有伟大的老师，就不会有伟大的学校。正如很多表现糟糕的学校并非没有课程标准和大量的标准化考试。

事实是，鉴于我们所面临的挑战，教育不需要改革，它需要的是变革。**教育变革的关键在于个性化而非标准化，在于发现每个孩子的天赋并让他们实**

现成就，让学生置身于他们想要学习的环境中，让他们在其中可以自然地发现自己真正热爱的东西。当然，关键还是要接受天赋的核心原则，世界各地教育中最成功、最有活力的创新，都说明了这种方法的真正力量。

在职业生涯的第一段，我是在戏剧教育的细分领域工作。我选择这个领域，是因为面对戏剧带给孩子的想象力，以及它在促进协作、自尊，和跟学校教师一样营造出的那种社区感，总是让我深深地感动。当孩子们相互学习，以及当老师跟孩子一起学习的时候，他们的学习效果最好。当我遇到我的妻子和人生伙伴特里的时候，她在利物浦一个低收入区域的一所小学教戏剧。尽管如此，她所在的学校学生成绩非常优秀。原因很简单，首先，那所学校有一位鼓舞人心且理解孩子的校长，他也了解可以激发学生学习的过程；第二，那位校长雇用了像特里这样的老师，这些老师热爱他们教的学科，而且擅长与孩子沟通。这是特里对学校的描述：

> 我坚信，如果能把戏剧恰当地融入课程表，就可以改变一个学校的文化。我在利物浦最贫穷地区之一的教学经验，让我对这一点非常坚信。我们会为一些孩子准备干净的衣服让他们上课的时候穿。他们早上进校后换上这些衣服，放学换下来后再回家。而如果把这些干净的衣服送给他们，一个星期内，这些衣服将变得跟他们的其他东西一样脏兮兮的，甚至会莫名丢失。
>
> 一些孩子生活在非常糟糕的家庭环境里。我记得在我们的一堂创意写作课上，一个小女孩写了一个关于死亡婴儿的故事。我们被这个故事的生动性惊呆了，于是学校马上联系了社会服务部，去检查她家里发生了什么事，结果发现她的早产儿妹妹的腐烂尸体就在她的床下。虽然我们的教室拥挤不堪，还会遇到一切可以想象到的

社会问题，但我们拥有一批世界顶尖、热心教育的教师，以及一位颇有远见的校长。

我们的校长坚信要让我们每个人发挥优势，而且教学必须以学生为中心。他在一次员工会议上讨论了将要如何重新设计上学日，并让我们每个人谈一谈自己的专业科目，以及我们最想教什么。那个时候，孩子跟班主任整天待在一起是很正常的事情。经过几个月的开会讨论之后，我们想出了一个计划。在上午，我们会教班上的学生阅读、写作和数学，下午则会教我们自己最喜欢的科目。这意味着在一个星期内，所有老师都有课要上。

作为一个戏剧老师，我的工作是观察每个年级、每个学科学习的主题，然后将这些呈现在戏剧大厅里。这个老师负责教艺术，那个负责教地理、历史，等等。于是，我们为每个年级组选择了主题。你很难想象，十多岁的孩子读了法国大革命的故事后，竟然在科学老师的帮助下建立了一个断头台，然后我们进行了试验，表演判死刑，甚至还要学一些法语。有趣的是，我们还'斩首'了几个老师。

如果主题是罗马时代考古，我们就会表演尤利乌斯·恺撒（Julius Caesar）的改编版本，学生们会在这个过程中感到自在。在学校编排话剧，孩子们会变得自信，非常积极地参与表演、缝制服装、搭舞台、写剧本、唱歌和跳舞。他们都迫不及待地想上戏剧课。看着孩子形成他们的社交能力和互动很有意思，也很有成就感。

孩子们以从未有过的方式运用着他们的想象力。那些从来不擅长什么的孩子突然发现自己可以发光，坐不住的孩子也不会被逼一直坐着了，有很多孩子发现他们可以表演、搞笑、写东西和辩论，充满自信地加入了这个大组织。他们所有的表现都大幅提高了。我们收到了来自家长的支持，州长也把我们的学校作为典范。这一切都是因为我们的校长阿尔伯特·亨特（Albert Hunt），他是一个很棒的人。

和音乐课上的遭遇不同，保罗·麦卡特尼遇到了一位把乔叟推荐给他的好老师，老师这样做是因为他知道怎么对待十几岁的男孩，怎么才能让他有所触动。

我遇到的最好的老师是我们的英语老师，阿兰·都班德（Alan Durband）。他很伟大，我们的关系很好，因为他能站在十五六岁男孩的角度来理解我们。我跟随他学高阶英语，我们正在研究乔叟，以及他无法模仿的独特性。莎士比亚已经很难模仿了，乔叟更甚。他的作品就像一种完全陌生的语言，都是一些什么‘四月的阴郁小雨’之类的东西。但是都班德先生给了我们一本内维尔·科格希尔（Neville Coghill）的现代英语译本，一半是乔叟的原文，一半是现代英语的译文，所以我们可以开始理解到底那些文字是什么意思。

然后，都班德先生告诉我们，乔叟在他那个时代是非常受人欢迎的作家，但也是比较露骨的。他知道我们会感兴趣，确实也是如此。他让我们去读《米勒的故事》（*The Miller's Tale*），你都不敢相信那些内容有多色情。

教育转型的先行者

世界各地都有鼓舞人心的教育典型。20 世纪 60 年代早期，在意大利北部城市瑞吉欧·艾米利亚（Reggio Emilia）出现生了学前教育的突破，即现在在国际上被称为“瑞吉欧教学法”（Reggio Approach）的模式，这种方法要求教师将孩子看作求知好学、足智多谋、充满潜力的个体。课程是以孩子为导向的，老师要根据学生的兴趣所在进行教学。学校的环境也是这种方法中的一个重要教学工具。老师会在房间里放满戏剧陈设、工作桌，以及营造多种能让孩子在其中交流和解决问题、学会有效沟通的环境。

瑞吉欧学校在艺术方面花了大量的时间，因为他们相信孩子可以通过绘画、音乐、木偶、戏剧，以及其他艺术形式学习多种“象征性语言”，以人类学习的所有方式来探索他们的才华。学校创始人洛里斯·马拉古齐（Loris Malaguzzi）在一首诗里这样写道：

一个孩子
有一百种可能
一个孩子
有一百种语言
一百双手
一百个想法
一百种思维
玩耍，说话的方式
一百种，总有一百种
聆听的方法
惊叹的爱
一百种
歌唱和理解带来的愉悦
一百个世界

等待探索
一百个世界
将被发明
一百个世界
值得梦想
一个孩子
有一百种语言
（比一百的一百还多）
但他们偷走了九十九种
学校和文化
将我们的手和身体分开
他们告诉孩子
不要动手，只管去思考
不要动脑，只管去行动
要听，不要说话
要毫无乐趣地去理解
爱和奇迹
只有在复活节和圣诞节
他们会告诉孩子
去吧，探索已知的世界
一百个世界
被他们偷走了九十九个
他们告诉孩子
工作和玩耍

现实和幻想

科学和想象

天空和大地

理性和梦想

都是

无法共存的事情

因此，他们告诉孩子

一百个世界根本不存在

孩子们说

不可能！它们就在那里！

瑞吉欧学校的教师在每学年中会开展一些为期一周的短期项目，也会进行持续一年的长期项目，学生能从中发现一些不同的角度，学会假设，学习如何跟他人合作，所有的课程都感觉像在玩耍中进行。老师认为自己是孩子的研究员，可以帮助孩子们探索更多他们感兴趣的东西，他们也觉得自己在和孩子一起学习。在过去的20年里，瑞吉欧学校收到了相当多的赞誉，赢得了乐高奖（LEGO Prize）、汉斯·克里斯蒂安·安徒生奖（Hans Christian Andersen Prize）以及由科尔基金会（Kohl Foundation）颁发的奖项。目前，世界各地的学校都在使用瑞吉欧学校的教学方法，包括美国的30个州在内。

格兰治镇的情况和瑞吉欧学校截然不同，严格来说，其实它还算不上一个小镇，实际上是由英格兰诺丁汉郡伊顿的格兰治小学的学生运营的一块地方。这个所谓的镇上有一位镇长，还有一个镇议会、一家报社、一间电视演播室、一个食品市场和一座博物馆，孩子们全权负责打理这一切。校长理查德·杰夫（Richard Gerver）认为，“年轻人的学习应该有意义”。所以当学校董事会聘请他改弦更张时，他用戏剧性的方法创建了这个格兰治小镇。这样做的目的，是要激励孩子们通过打通课堂知识与现实世界的隔阂来进行学习。“我的关键词是经验和环境。”杰夫这样跟我说。

杰夫围绕着课程表完全改造了这所学校，而且没有违背国家考试的指导方针。格兰治镇上的学生也会参与课堂学习，但一切都以他们可理解的实际应用方式来呈现。如果在收银机和估算利润中学习数学，将有更多的现实意义；如果在一个原创电影剧本中学习文学和写作技巧，也能学到更多的东西；当学生们运用技术制作电视节目时，科学是鲜活的；当孩子需要确定电台的播放列表时，音乐欣赏带来的也不只是音乐；当镇议会需要做出决策时，自然就是对公民意识的学习。杰夫经常带各种行业的专业人员来学校帮助学生进行技术训练，英国广播公司也积极参与其中。

高年级孩子的责任最重，而且他们的课程在格兰治镇模式中权重最高，而低年级学生几乎只要一进学校就开始发挥积极作用。“我们任何时候都不会告诉他们：‘我们是在教你们通过考试。’”杰夫说，“他们就是在学习，因为他们可以看到格兰治镇是如何发展的。考试只是一种最后评估学习进展的方式，这让孩子对他们上学的意义产生了全新的理解。”

格兰治的入学率远高于全国平均水平。这也意味着，学生们在国家推崇的测试中也表现不俗。2004 年，这所学校 91% 的人英语表现熟练，比项目开始之前的 2002 年增长了 30%；87% 的学生在数学测试中表现优良，比项目开始之前增长了 14%；100% 的学生在科学测试中成绩优异，比项目开始之前增长了 20%。“项目极大地影响了学生的学习态度，”杰夫说，“曾经动力不强、无精打采的学生，尤其是男孩和那些天赋颇高的学生，现在都显示出了他们真正的热情和努力。这种精神状态带来了教室里的巨大变化，老师们已经适应了这种教学并在不断进步，学习如何变得更有经验、更适应环境，而让孩子们变得更自信、更独立。在格兰治小学学习是孩子们真正想做的事情，他们感觉到自己是伟大世界的一部分。学校职工和家长们也感受到了这样的效果，他们已经开始在为项目的进一步发展努力了。”

英国学校督查机构标准教育部最近发布了一份研究报告，里面提到格兰治小学时是这样说的:“学生喜欢学校,并热情地谈论着许多让他们兴奋的经验，在解决这些问题的时候，他们充满热情和信心。”

在俄克拉荷马州，有一个突破性的项目被称为“A + 学校”，它是从北卡罗来纳州发端的一个非常成功的项目。目前，俄克拉荷马州已经有 40 多所学校参与了这个项目，项目的主要教学方式是，在课表中的各种学科中强调艺术的重要性。学生们可能会通过说唱音乐来帮助他们理解文学作品的主题；也可能会使用不同大小的拼贴画来体会数学的实际应用；戏剧化的演讲可以用来描述历史中的关键时刻；而舞蹈也能用来解释科学的基础。几个学校每月还会举行一次结合现场表演和学术内容的“会演”（informances）。

“A+ 学校”鼓励教师使用这样的学习工具:图示法、主题网络法（thematic webbing）、提问法、创建和运用跨学科主题单元法，以及跨课程整合等。他们会根据经验学习来设置课程，以及用更加丰富的评估工具来帮助学生保持理解学习内容的状态。他们鼓励不同学科教师之间、学生之间，以及学校和社区之间的合作，还建设了能支撑这一项目的基础设施，形成了独特的开设政府规定课程的方式。而且，学校形成了一种氛围，学生和教师在此之中会为自己的努力感到兴奋。

“A+ 学校”项目覆盖了广泛的人群，有城市学校，也有农村学校，有大型学校，也有小型学校，有富裕地区的学校，也有贫困地区的学校。而这些学校的学生都获得了共同的结果：在标准化考试中的表现都有显著提升，也比同类型的非“A+ 学校”有了明显的提高。林伍德小学，一所位于俄克拉荷马州的“A+ 学校”，两次赢得了俄克拉荷马州学术成就冠军奖。2006 年，这所学校是全国仅有的五所获得“国家城区学校转型中心”（the National Center for Urban School Transformation）颁发的“优秀教学奖”的学校之一。

基础教育

我们迫切地需要充分开发个人的天赋资源，这对个人和社会的健康发展都是至关重要的。教育应该是一个开发所有资源的过程。但根据我在本书开篇部分的描述，事实往往不是这样的。我在这本书里写到的很多人都说，他们在整个受教育过程中都没有真正发现自己的天赋。毫不夸张地说，他们中的很多人直到离开学校，直到从教育的创伤中恢复过来的时候，才发现了自己真正的能力。正如我一开始所说的，我不认为是老师造成了这个问题，这是教育系统中的一个本质问题。**事实上，教育的真正挑战就在于赋权给充满激情和创造性的教师，以及激发学生的想象力和学习动机。**

天赋的每一个核心概念和原则都会对教育的主要方面产生影响，21 世纪的教育课程必须从根本上加以转变。我已经说明了智力的多样性、动态性和独特性，这些也是教育的意义。就具体做法而言，**第一，我们需要消除现有的学科等级结构。**让某些学科凌驾其他学科之上，只会强化工业时代的过时假设，而且违背了多样性的原则。有太多学生的天赋在读书期间被边缘化甚至忽略了，而艺术、科学、人文、体育、语言和数学对学生的成长都是一样重要的。

第二，我们需要质疑整个“学科”的概念。几代人以来，我们形成了艺术、科学、人文，以及其他学科相互区分的理念。事实是，它们之间有很多共同之处。艺术中也包含有伟大的技巧和客观性，就像科学的核心也充满了激情和直觉一样。学科与学科之间存在鸿沟的观念也违反了动态性的原则。

学校的课程系统不应该基于相互割裂的单门学科，而是要基于跨学科的肥沃土壤，比如数学不仅仅是要学会一系列公式，而且要学习复杂的思维模式、实践技能和概念。数学是一门学科，也可以说它是一系列学科，戏剧、艺术和技术等学科也是如此。只有多学科的想法才能让跨学科的课表流动起来，充满活力。

第三，课程应该是个性化的。学习发生在个体的思维和灵魂中，而不是多项选择题的数据库里。事实上，并没有那么多孩子每天早上醒来就在想怎么才能提高自己的阅读成绩。学习是一个个性化的过程，如果我们感兴趣的是人们的天赋，这一点就更为重要。而当前的教育过程并不考虑个人的学习风格和天赋，也因此破坏了个性化的原则。

我在这本书里讲到的许多故事的主人公，应该都会同意我的观点。因为他们发现了自己的天赋，并实现了它。就像唐·利普斯奇说的：“最主要的就是鼓励孩子追求他们热爱的任何事物。如果我在对魔术感兴趣的时候，能得到很大的鼓励和支持，我也会以现在搞艺术的热情去玩魔术。一个孩子喜欢棒球，可能不是因为他喜欢打球，而是他喜欢研究所有球员的统计数据，从而预测谁会转会到哪个队伍。这看起来好像没什么用，但也许那孩子最终能成为一个棒球队经理。如果一个孩子是班上唯一的歌剧迷，他也应该被认可和鼓励。不管孩子们喜欢的是什么，热情才是值得鼓励的主要因素。”

天赋对教学也有一定的影响。太多的教育改革运动都把老师排除在外了，而世界上最成功的系统表明了截然相反的观点。他们对师资进行了大量投入，原因在于：人的最大成功是有人能赏识他的天赋，理解他的挑战和能力。这就是为什么导师在许多人生命中意义重大的原因。好老师总是明白，他们的真正使命不是教授学科，而是教育学生。指导和培训是教育这个生命系统中的重要动力。

天赋对评估也是有意义的。教育正在被标准化考试的文化氛围扼杀，具有讽刺意味的是，这些测试并没有提升一些特殊地区的教育标准，反而牺牲了教育中大部分真正重要的东西。

从这个角度出发，我们可以把确保教育质量的过程与一个完全不同的领域进行比较，即餐饮。餐饮业里一般有两种截然不同的质保模式。第一种是快餐模式。在这种模式中，食物的质量是有保证的，因为都是标准化的。快餐连锁店会指定什么应该出现在菜单上，指定什么样的汉堡或鸡翅应该用什么油来炸，应该提供什么样的面包，薯条应该怎么炸，应该搭配什么饮料，饮料应该有哪些成分。他们还会指定店面应该如何装饰，员工应该穿什么工服。一切都是标准化的。但快餐通常都是有害健康的，某些形式的快餐甚至导致了全球肥胖和糖尿病患病率的急剧增加。但是，它至少能保证质量，也就是安全。

餐饮质量保证的第二种模式是米其林指南（michelin guide）。在这种模式下，指南为优秀的餐饮确立了具体的标准，但他们没有说餐馆应该如何满足哪些具体的标准，也没有说菜单上应该有什么菜品，员工应该穿什么，或者应该如何装饰餐馆。所有这些的裁量权都在单个餐厅的手上。指南只有标准，每一个餐厅都会以他们认为最好的方式来达到这种标准。之后也没有一些客观标准来判断，只有一些专业评委去评估，他们知道自己在找什么样的餐厅，也知道一家伟大的餐厅应该是什么样的。结果是，每一家米其林餐厅都棒极了，每一家都是独一无二的，无法相互比较。

教育的根本问题之一是，大多数国家都使他们的学校采用了“快餐模式”，而不是“米其林模式”。**未来的教育不应是标准化的，而应该是订制化的。我们需要的教育不是提倡集体思维和“去个性化”的教育，而是培养真正具有深度和活力的各种人才的教育。**未来的教育必须是能实现天赋的。

我之前举的很多例子都点明了我们在 21 世纪需要的教育方式，其中很多原则的构建都基于那些教育先知们推行了很多年的原则，而这些原则常被视为是古怪的，甚至是异端邪说。他们之所以成了先知，是因为他们的观点领先于时代，因此我也认为他们是富有远见的。改变的时机已经到来。如果我们真的要进行教育的变革，就必须了解时机，掌握新的潮流，并以此迎接未来，否则只能被过去压垮，重蹈覆辙。

对于教育系统和接受教育的人来说，这样的赌注生死攸关。

THE ELEMENT

致谢

人们总说养个孩子得忙活一村子人，那么写本书就像要建一座小城了。我知道我没有对所有人致谢，我也做不到这一点。但是，我必须在这里单独提到一些人，因为他们的突出贡献。

首先，也是最重要的，我要感谢我的妻子特里。如果不是因为她，就不会有你们手上的这本书。它的起源是我几年前在 TED 大会上的一次即兴演讲。我在那次演讲中讲了吉莉安·琳恩的故事，也就是我在第 1 章开头讲的那个故事。然后我随意说到了自己要写一本关于这个故事的书，但我没有跟特里说过这个想法。她问我是什么时候有这个想法的。“一瞬间，”我说，“完全是一念之间。”在几个月后，她自己先开始写了，写出了大纲，也有一些想法，并进行了一些前期的访谈，然后又找到了后来帮我们出版这本书的经纪人彼得·米勒（Peter Miller）。因为特里打下了坚实的基础，我也没有什么逃避的借口，只得守住自己的诺言写完了这本书。

我还要感谢彼得·米勒，我们的出版经纪人，感谢他的伟大贡献，且不仅仅因为他促成了我和卢·阿罗尼卡的合作。我走访了很多地方，写出了这本需要大量时间、精力和合作投入的书。阿罗尼卡是一个非常棒的合作者。他非常专业，同时也审慎、明智、创新，颇具耐心。当我绕着地球转的时候，他就是最稳固冷静的中心，接收着我从机场和酒店发回来的附注、草稿和新的想法。我们之间还要解决英式英语和美式英语的有趣冲突。阿罗尼卡，谢谢你！

我的儿子詹姆斯，将他学生时代的最后一个暑假奉献给了这本书，他帮忙查阅资料、杂志和网页，核实了书中提到的各种事实、时间和观点。他还会跟我讨论这本书里的很多观点，直到我实在坚持不住了。南希·阿兰（Nancy Allen）在邻近最后节点的时候帮了几个月的忙。凯特·罗宾逊（Kate Robinson）和尼克·伊根（Nick Egan）一起创建了一个非常棒的网站，呈现着我们做的其他事情。我们的助理安德烈亚·汉娜（Andrea Hanna）也不知疲倦地实施着这个复杂的项目。没有她的帮忙，我们不可能坚持到现在。

当这本书开始成形的时候，我们非常幸运地遇到了极具智慧和创新精神的出版商：维珍企业出版公司的顾问凯瑟琳·考特（Kathryn Court），她温柔的逼迫使我们得以按时完成了书稿。

最后，我还要感谢这本书里出现的所有人。他们中的很多人在无比忙碌的行程中拨出宝贵的时间，自在而热情地跟我们分享了他们那些身居“天赋”之中的宝贵经验。而很多其他人还给我写来了信件和电子邮件。他们的故事表明，这本书中的东西真的会触动我们生命的核心，感谢他们所有人。

当然，通常大家都会说，如果有功劳都算他们的，如果有什么纰漏就是我一个人的。这样对我来说虽然有点刺耳，但也觉得大概是忠言逆耳吧。

THE ELEMENT
译者后记

感谢湛庐文化简学老师对我的信任，让我进行这一本经典作品的第二次翻译，我也为再三延期交付译稿向他表示歉意。

这本书的翻译过程一气呵成，让我感觉到了书中所说的身处天赋中的那种忘我境界和精神愉悦。有的时候我甚至舍不得离开电脑去吃饭或是上厕所，就仿佛不忍打断那些有趣的人讲故事，讲述他们是怎么找到自己最好的状态的。罗宾逊先生对这些内容娓娓道来，让人在读的过程中热血沸腾。虽然找到天赋并非易事，但这本书却让人充满了愿意去尝试的勇气与信心。

我要感谢我的男友大海，他对我的支持，让我想到作者在书中叙述的他和他爱人特里的相互支持。同样，大海也支持我做任何我喜欢的事情，无怨无悔；感谢我的父母，他们是最开明的父母，尽管我在寻找自己天赋的途中屡战屡败，但他们从未扮演过阻挠者的角色；感谢我的小伙伴莉娜、周老师和王老师，他们经常陪我跑步，让我保持着健康的生活方式；感谢我的导师，他是我在发现自我的旅程中的伯乐；也感谢这一路上扮演我“部落成员”的小伙伴们：璇儿、谢丽、佟琳、唯姐、萱哥等。我们在一起往往不是在讨论八卦，而是在讨论些对我启发颇深的话题。

最后，我想我们还应该感谢时间，让我们还有机会去探索最真实的自己。

敬请各位读者指正。

未来，属于终身学习者

我这辈子遇到的聪明人（来自各行各业的聪明人）没有不每天阅读的——没有，一个都没有。巴菲特读书之多，我读书之多，可能会让你感到吃惊。孩子们都笑话我。他们觉得我是一本长了两条腿的书。

——查理·芒格

互联网改变了信息连接的方式；指数型技术在迅速颠覆着现有的商业世界；人工智能已经开始抢占人类的工作岗位……

未来，到底需要什么样的人才？

改变命运唯一的策略是你要变成终身学习者。未来世界将不再需要单一的技能型人才，而是需要具备完善的知识结构、极强逻辑思考力和高感知力的复合型人才。优秀的人往往通过阅读建立足够强大的抽象思维能力，获得异于众人的思考和整合能力。未来，将属于终身学习者！而阅读必定和终身学习形影不离。

很多人读书，追求的是干货，寻求的是立刻行之有效的解决方案。其实这是一种留在舒适区的阅读方法。在这个充满不确定性的年代，答案不会简单地出现在书里，因为生活根本就没有标准确切的答案，你也不能期望过去的经验能解决未来的问题。

湛庐阅读APP：与最聪明的人共同进化

有人常常把成本支出的焦点放在书价上，把读完一本书当作阅读的终结。其实不然。

时间是读者付出的最大阅读成本
怎么读是读者面临的最大阅读障碍
“读书破万卷”不仅仅在“万”，更重要的是在“破”！

现在，我们构建了全新的“湛庐阅读”APP。它将成为你“破万卷”的新居所。在这里：

- 不用考虑读什么，你可以便捷找到纸书、有声书和各种声音产品；
- 你可以学会怎么读，你将发现集泛读、通读、精读于一体的阅读解决方案；
- 你会与作者、译者、专家、推荐人和阅读教练相遇，他们是优质思想的发源地；
- 你会与优秀的读者和终身学习者为伍，他们对阅读和学习有着持久的热情和源源不绝的内驱力。

从单一到复合，从知道到精通，从理解到创造，湛庐希望建立一个“与最聪明的人共同进化”的社区，成为人类先进思想交汇的聚集地，与你共同迎接未来。

与此同时，我们希望能够重新定义你的学习场景，让你随时随地收获有内容、有价值的思想，通过阅读实现终身学习。这是我们的使命和价值。

湛庐阅读APP玩转指南

湛庐阅读APP结构图：

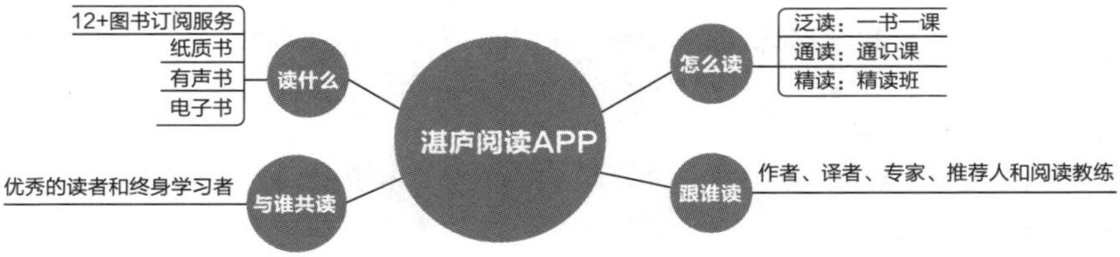

三步玩转湛庐阅读APP：

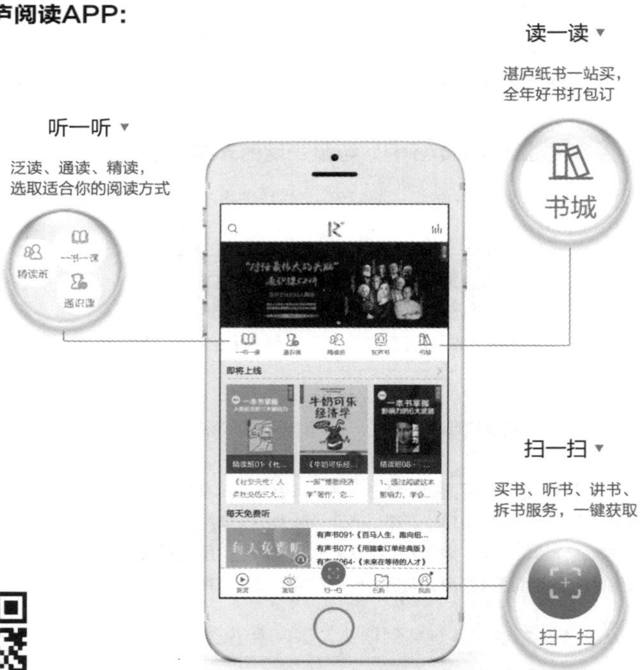

APP获取方式：

安卓用户前往各大应用市场、苹果用户前往APP Store
直接下载“湛庐阅读”APP，与最聪明的人共同进化！

使用APP扫一扫功能，
遇见书里书外更大的世界！

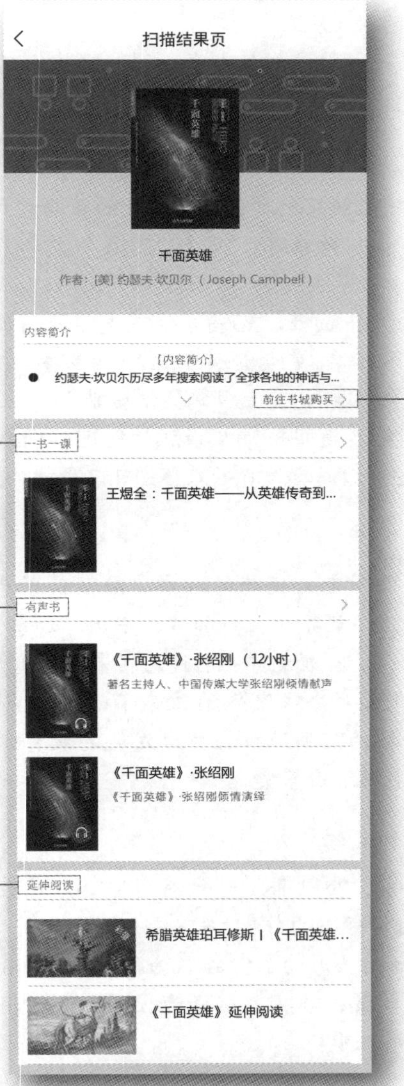

快速了解本书内容，
湛庐千册图书一键购买！

大咖优质课、
献声朗读全本一键了解，
为你读书、讲书、拆书！

你想知道的彩蛋
和本书更多知识、资讯，
尽在延伸阅读！

延伸阅读

肯·罗宾逊教育创新五部曲

◎ 一套全景式展现未来人才培养、创造力培养的宏伟蓝图，将带领我们深入教育改革的前言，探索如何发现学生的天赋，使他们过上真正幸福自由的人生！

◎ 独立教育学者江学勤，一土学校创始人李一诺，LIFE 教育创新峰会负责人马志娟，独立教育学者钱志龙鼎力推荐！

使用“湛庐教育”APP，
“扫一扫”获取本书更多精彩内容
ISBN 978-7-213-08151-4

《绝非天赋》

◎ 一本全面剖析智商与天赋的解惑之书，打开成才的正确方式。

◎ 美国大学招生官和教务长一致推荐，入选“2016 年夏季家长和学生必读书单”。

◎ 科学作家万维钢（同人于野）、亚拉巴马州伦道夫学校高校升学副主任乔·弗里曼推荐书单。《华盛顿邮报》《自然》《科学家》《出版人周刊》《科学美国人》《大观》集体盛赞。

◎ 本书作者通过原创性研究、趣闻轶事及强烈的同理心向我们证明，任何人，包括那些看似没有天资的人，都可以成就伟大。

使用“湛庐教育”APP，
“扫一扫”获取本书更多精彩内容
ISBN 978-7-213-07860-6

《面向未来的世界级教育》

◎ 教育，是为了培育能够面对未来变局的人才。国际教育专家权威解读世界教育趋势，详解芬兰、新加坡、中国、加拿大、澳大利亚、美国教育之长，为 21 世纪学生打造赢在未来的能力！

◎ 教育改革如何深化，如何面对全球化？ 在未来不确定的世界，哪些核心能力是孩子必备的？高绩效、快速发展的教育体系具有哪些共同特点？本书将给出答案。

使用“湛庐教育”APP，
“扫一扫”获取本书更多精彩内容
ISBN 978-7-213-07919-1

《翻转课堂的可汗学院》

◎ 互联网时代的教育改革家，2012 年《时代周刊》“100 位最具影响力人物”萨尔曼·可汗倾心力作！

◎ 比尔·盖茨缘何成为可汗的头号粉丝？谷歌为何从 150 000 个投资方案中选出了可汗学院，并将其翻译为世界上最常用的 10 种语言？答案尽在本书之中！

使用“湛庐教育”APP，
“扫一扫”获取本书更多精彩内容
ISBN 978-7-213-06048-9

图书在版编目（CIP）数据

让天赋自由 /（英）罗宾逊，（美）阿罗尼卡著；李慧中译 .— 杭州：浙江人民出版社，2017.8

ISBN 978-7-213-08121-7

Ⅰ . ①让… Ⅱ . ①罗… ②阿… ③李… Ⅲ . ①创造心理学－通俗读物 Ⅳ . ① G305-49

中国版本图书馆 CIP 数据核字（2017）第 150790 号

浙 江 省 版 权 局
著作权合同登记章
图字：11-2016-210 号

上架指导：教育改革 / 教育创新

让天赋自由

［英］肯·罗宾逊　［美］卢·阿罗尼卡　著
李慧中　译

出版发行：浙江人民出版社（杭州体育场路 347 号　邮编　310006）
市场部电话：（0571）85061682　85176516
集团网址：浙江出版联合集团　http://www.zjcb.com
责任编辑：蔡玲平　陈　源
责任校对：朱　妍
印　　刷：河北鹏润印刷有限公司
开　　本：720mm × 965mm　1/16　　印　　张：17.75
字　　数：216 千字　　插　　页：3
版　　次：2017 年 8 月第 1 版　　印　　次：2020 年 8 月第 6 次印刷
书　　号：ISBN 978-7-213-08121-7
定　　价：66.90 元

如发现印装质量问题，影响阅读，请与市场部联系调换。